# グラフト重合による
## 吸着材開発の物語

著
斎藤恭一
藤原邦夫
須郷高信

丸善出版

# はじめに

　「どこからどこまでを書くのか」をはじめに決めておきたいと思います。私が大学院修士課程2年生（1978年）の夏に「海水ウラン採取」の研究を始めてから40年以上が経ちました。学生や助手の時代は自ら実験に関わり，講師，助教授，教授になると学生を指導して研究を進めました。

　幸運なことに，そのうち35年間は，「除いてほしい」「採ってほしい」「きれいにしてほしい」「濃くしてほしい」といった要請が民間企業からつねにありました。持ち込まれた課題は教科書に載っている事柄ではありませんでした。その要請に応えるため，放射線グラフト重合法によって吸着材をつくりました。この手法は須郷高信さんから免許皆伝していただきました。須郷さんは，現在，ベンチャー企業「(株)環境浄化研究所」の社長です。

　周期表をA3判にコピーして35年を振り返りながら，吸着材を使って捕まえた元素を蛍光ペンで塗ってみると，38個の元素が塗りつぶされました。低分子量の有機化合物やタンパク質も吸着しました。これらは元素としてCHONSと数えました。35年も同じことを続けてきただけあって広範囲です。

　私は大学院修了まで「化学工学」をじっくり学びました。しかし，この本に関連する「高分子化学」，「放射線化学」，「分析化学」といった分野の事柄は，研究しながら，さらっと学びました。吸着材を実用化することにこだわりましたから，吸着機構の詳細を研究しないうちに次の課題に取り組んでしまいました。ですから吸着機構についてはとことん突き詰めたとはいえません。ここはご了承ください。

　吸着材をつくって，要求性能をクリアして，コストの試算で許容範囲に入り，実用を想定した耐久試験をパスするには，時間もお金もかかります。もちろん実用化への執念が何よりも大切です。

実用化に近づくにつれて関与する人が増えます．研究を始めて，吸着材の作製や性能を調べるまでなら，学生さん一人が「青春をかけて」というよりも「卒業をかけて」頑張ります．その段階までの実用化への寄与を1とすると，企業での研究開発が9，そして企業での実用化研究が90，足すと100となります．大学の研究はそんなものではありますが，始めたという貢献は確かに大きいのです．しかも，実用化が叶っても，運がわるいことに，市場が縮小したり，景気が落ち込んだりすると，製品にはなっても商品にならずに終わってしまうこともあります．この本では，研究が始まった経緯から始めて，吸着材の作製，さらに性能を紹介し，最後に実用化の現状を述べます．大学の一研究室が民間企業から課題を持ち込まれてどこまで解決できたかを正直に描きました．学生と私の奮闘ぶりをお楽しみください．

この本で取り上げた23項目の研究内容は，学術雑誌に掲載されています．また，以下の専門書がありますので，参照してください．
・『猫とグラフト重合』丸善（1996）
・『グラフト重合のおいしいレシピ』丸善（2008）
・『グラフト重合による高分子吸着材革命』丸善出版（2014）
・"Innovative Polymeric Adsorbents", Springer（2018）

2019年　早春

斎　藤　恭　一

# 謝　辞

　私は1984年に原研高崎を訪ね，須郷高信さんから放射線グラフト重合法を一から教えていただきました。翌年の1985年に(株)荏原製作所の藤原邦夫さんが，放射線グラフト重合法による材料開発のため，須郷さんから指導を受け始めました。というわけで，須郷さんが師匠で，私（斎藤）が一番弟子，藤原さんが二番弟子ということになりました。

　その後，須郷さんは日本原子力研究所支援第一号ベンチャー企業として「(株)環境浄化研究所」を2001年に設立し，その代表となりました。2011年の3月に，荏原製作所を定年退職した藤原さんが，環境浄化研究所の研究開発部長に就任し，その立場で千葉大学大学院博士後期課程に社会人学生として入学しました。それから現在まで，環境浄化研究所と千葉大学の共同研究が続いてきました。

　須郷さんを中心にした藤原さんと私の35年間の放射線グラフト重合法による材料開発の歴史の一部を，3名のなかでは最年少の私がこの本に書きました。大学の一研究室の苦闘の様子を描きました。そして，須郷さんと藤原さんが原稿を点検しました。

　原稿の作成にあたり，多くのみなさんにご協力をいただきました。資料の準備やワープロの入力を浜本美智子さん，図面の作成を，千葉大学の修士2年生，板橋長史君，岩崎正樹君，早川里奈さん，松浦祐樹君が担当しました。原稿の最終点検は浅井志保さんにお願いしました。

　同じ研究室を担当運営している梅野太輔先生，河合繁子先生から日頃，貴重なコメントをいただいています。

## 謝　辞

　これまで 35 年間，研究を推進してこられたのは，博士後期課程に在籍し，後輩の学生を育てたつぎの皆さんのおかげです。敬称略。

　　堀　　隆博，山岸秀之，上江洲一也，Kim Min，William Lee，小西聡史，
　　常田　聡，久保田　昇，清原　恵，川喜田英孝，斎藤加織，浅井志保，
　　佐藤克行，岩撫暁生，三好和義，正司信義，石原　量，萩原京平，
　　霜田祐一，藤原邦夫，原山貴登，永谷　剛

　放射線グラフト重合では出発材料として基材が必要です。次の会社から基材を提供していただきました。

　　旭化成株式会社
　　株式会社イノアックコーポレーション
　　三菱レイヨン株式会社（現在，三菱化学株式会社）

　研究費がないと，研究は前進しません。多くの企業から研究費をいただきました。たいへん感謝しています。また，科学研究費補助金や民間助成金に大いに助けてもらいました。ここに記します。

科学研究費補助金
　基盤研究（B）：（1995-1997，1997-1999，1998-2000，2003-2005，2009-2011，2013-2015，2016-2018）
　挑戦的萌芽研究：2010-2011
　萌芽研究：2002-2004，2005-2007
　一般研究（C）：1991-1992

服部報公会（1985）
新化学発展協会（1990）
倉田記念科学技術振興会（1991）
ソルト・サイエンス研究財団（1991-1993，1998-1999，2012-2013）
池谷科学技術振興財団（1992）
矢崎科学技術振興記念財団（1992）

化学素材研究開発振興財団 (1993)
小笠原科学技術振興財団（1994）
チバ・ガイギー科学振興財団（1995）
東レ科学振興会（1995）
旗影会（1996）
双葉電子記念財団（1996）

科学技術振興事業団さきがけ研究
　「形とはたらき」領域（1998-2001）
日本原子力研究所先端基礎研究センター黎明研究（2001）

　この本に掲載した図面の一部は，前著『猫とグラフト重合』，『グラフト重合のおいしいレシピ』，そして『グラフト重合による高分子吸着材革命』から採用しました。図面を作成した次の皆さんに感謝いたします。(敬称略)
　吉田　剛，菅野淳一，常田　聡，吉川　聖，三好和義，石原　量，
　　浅井志保，関谷裕太，岩撫暁生，海野　理，平山雄祥

　放射線グラフト重合の本の4冊目を世の中に出せるのは，企画を取り上げてくださった丸善出版の熊谷　現さんと，編集を引き受けてくださった同社の中村俊司さんのおかげです。中村さんとは3冊目のお付き合いです。ありがとうございました。

　2019年　早春

著者を代表して
斎　藤　恭　一

# 目　次

## 基　礎　編

### 第1章　吸着の仕組み……………………………………………… 3
ほんとうは収着材（3）　分離の分類と相互作用（4）
コーヒーブレイク－千葉県は世界第2位のヨウ素生産地………… 13

### 第2章　吸着材の作製法と性能評価法 …………………………… 15
最強の吸着材の作製法：放射線グラフト重合（15）　放射線の照射の設備（17）　第一の選択：基材の形と材質（18）　第二の選択：モノマーと官能基（19）　第三の選択：担持と固定（24）　グラフト率と官能基密度（26）　吸着材の性能（27）　バッチ方式での実験方法（27）　流通方式での実験方法（29）　繰返し使用の実験方法（30）

### 第3章　吸着材開発の戦略……………………………………… 33
カニのハサミで微量コバルトイオンを捕まえる（33）　ろ過膜をキレート多孔性膜へ変身させてコバルトを高速除去（34）　キレート多孔性中空糸膜の作製と内部の孔構造（35）　滞留時間によらずに破過曲線が一致！（37）　当たり前田の破過曲線（37）　理想的な吸着材のサイズ（39）　吸着量の直接測定（40）　二つの金属イオンの競合（42）　2番手になってがっかり（44）　分離材や装置の理想（44）　ワインドフィルター登場（45）　理想形を求めるべからず（46）　発表論文（48）

## 応 用 編

### 第 4 章　除去の巻 …………………………………………………… 51

4.1　茶葉抽出液からのカテキンやカフェインの除去 ……………… 51
カフェインがだめならカテキン採ります（51）　使い捨てないで繰り返し使える吸着繊維（52）　使い捨てない吸着繊維の提案（53）　純品に吸着容量では敵わない（54）　繰り返して使用できます。どうでしょう？（56）　発表論文（58）

4.2　猫尿からのコーキシンの除去 ……………………………………… 58
現状だと猫は皆，腎臓病と判定されます（58）　わたしの猫，ウィンちゃん（59）　アフィニティ吸着材の作製（59）　コーキシンのバンドが消えた（60）　国際特許の取得（62）　発表論文（62）

4.3　汚染水からのセシウムの除去 …………………………………… 63
こういうときに何もしないんですか？（63）　これでつくれる吸着繊維（64）　不溶性フェロシアン化コバルト担持繊維は深緑色（65）　そうか！　グラフト鎖が微結晶に絡みついているんだ（67）　ゼオライトとの対決（69）　大量製造装置の設計（71）　GAGA, beautiful !　と Ernst 博士が褒めてくれた（72）　発表論文（72）

4.4　汚染水からのストロンチウムの除去 …………………………… 73
ストロンチウムの除去はむずかしい（73）　SrTreat$^{TM}$ とはうまい命名（74）　「銅鉄」研究ではなく「CsSr」研究（75）　チタン酸ナトリウムだろう（77）　SrTreat$^{TM}$ との性能比較（77）　除染に必要な吸着繊維量の試算法（78）　発表論文（79）

4.5　汚染水からのルテニウムの除去 ………………………………… 79
逆転の発想（79）　ルテニウム（Ru）は白金族！　核酸塩基で捕まるはず（81）　塩を添加するとRuを多く，速く吸着した

（82）　発表論文（84）

4.6　超純水からの尿素の除去 …………………………………… 84
　　　尿素はどこから来る（84）　酵素ウレアーゼを繊維に固定する
　　　（86）　発表論文（88）

4.7　河川水からのホウ素の除去 …………………………………… 88
　　　海水中のホウ素のほうが濃いのに？（88）　安いホウ素を捕ま
　　　える高い試薬（89）　それでもホウ素を除去しておきたい（91）
　　　発表論文（92）

4.8　血液からの病因タンパク質の除去 …………………………… 92
　　　学科の再編とテーマ探し（92）　素人の浅知恵（93）　発表論
　　　文（95）

## 第5章　採取の巻 …………………………………………………… 97

5.1　海水からのウランの採取 ……………………………………… 97
　　　新聞の囲み記事をまず読んだ（97）　講演のスライド係であっ
　　　たからこその幸運（99）　太平洋沿岸で汲み上げてウランを
　　　採った（100）　太平洋に吸着材を浸してウランを1 kg採った
　　　（102）　発表論文（105）

5.2　富士山湧き水からのバナジウムの採取 ……………………… 105
　　　転んでもただでは起きないタンニン酸固定繊維（105）　タ
　　　ンニン酸含有率25％（106）　湧き水から全部採っても足りず
　　　（108）　発表論文（109）

コーヒーブレイク－汚れにくい高分子界面 ……………………… 110

## 第6章　回収の巻 …………………………………………………… 113

6.1　卵白からのリゾチームの回収 ………………………………… 113
　　　卵のゼロエミッション（113）　2価のイオンでグラフト鎖を架
　　　橋する（114）　ポリマーブラシに多層吸着（115）　発表論文
　　　（117）

6.2　酸化ゲルマニウムの回収 ……………………………………… 118

PETボトルにはゲルマニウムが含まれている（118）　ゲルマを採るのにゲルマトラン構造（119）　中空糸膜の拡大版ワインドフィルター（120）　発表論文（121）

6.3　工場排水からの貴金属の回収 ………………………………… 121
　　貴金属とはいえ薄ければ捨てられる（121）　1,000 mg配合のタウリンは両性電解質だった（122）　白金だけを捕まえる膜を持って来てください（123）　タウリン，タンニン，アデニン（125）　発表論文（125）

コーヒーブレイク－虫歯予防食品添加物…………………………………… 126

## 第7章　濃縮の巻 …………………………………………………… 129

7.1　海水からの塩の濃縮 ……………………………………………… 129
　　日本のふつうの食塩は砂浜でつくっていません（129）　日本の食塩のために大学に戻った三好さん（131）　高分子フィルムに強引にイオン輸送経路をつくる（132）　親元グループは現行膜に大きく勝った（133）　この先が楽しみ（135）　発表論文（135）

7.2　河川水からの17$\beta$-エストラジオールの濃縮 ………………… 136
　　1,000倍の予備濃縮（136）　ポリクローナル抗体なら安い？（137）　メタノールを使う半破壊的溶離（138）　発表論文（140）

7.3　海水からのレアアースの濃縮 …………………………………… 140
　　海水にもレアアース（希土類）が溶けている（140）　液-液抽出に代わる固相抽出（141）　真の値はわからない（142）　発表論文（142）

7.4　血液からの薬物の濃縮 …………………………………………… 143
　　製品カタログのイラストはわかりやすい（143）　2色アイス構造（144）　予測どおり（146）　発表論文（147）

コーヒーブレイク－トリチウム水の除去…………………………………… 148

## 第8章　精製の巻 ……………………………………………………… 151

### 8.1　魚油からのDHAの精製 …………………………………… 151
サプリメントのホームラン王「DHA」（151）　固定化銀アフィニティ（152）　猫の行列のできる研究室（153）　roll-up現象（155）　硝酸銀は水によく溶けて勝算あり（156）　発表論文（156）

### 8.2　培養液からの抗体の精製 ………………………………… 156
重金属からタンパク質への転身（156）　リニア・スケールアップ（157）　抗体医薬品（159）　トレンドは使い捨て（159）　発表論文（161）

### 8.3　磁石切削液からのネオジムとジスプロシウムの精製 ………… 162
レアメタルを混ぜてつくる最強磁石（162）　グラフト鎖の疎水性基に抽出試薬の疎水性部を載せる（163）　HDEHP担持繊維の勝ちとはならないのか…（165）　発表論文（166）

### 8.4　血液からのゲルゾリンの精製 ……………………………… 167
筋肉の大家，片山栄作先生（167）　ゲルゾリン（168）　タンパク質を全部捕まえた後，ゲルゾリンだけはがす（168）　ゲル電の威力（169）　抗がん剤ではなかったのか（171）　発表論文（172）

### 8.5　混合液からのL体の精製 …………………………………… 172
困難な分離のワースト3（172）　多層集積構造（173）　新しい組合せがイノベーション（174）　二つの独立した評価方法（176）　透過法で得られる破過曲線（176）　注入法で得られるクロマトグラム（177）　落とし穴（178）　発表論文（179）

### 8.6　放射性廃棄物からのウランやプルトニウムの精製 ………… 179
分析しないと始まらない処分（179）　液-液抽出から固相抽出法へ（181）　ウランとプルトニウムの迅速分離精製（182）　発表論文（184）

## 「放射線グラフト重合」の研究論文と著書のリスト（1986－2018）… 185

研究論文（213 報） ………………………………………… 185

　　グラフト鎖を使う（186）　グラフト鎖をはかる（201）　グラフト鎖をつくる（203）

　著　書 ………………………………………………………… 205

グラフト鎖が関与した元素の数 38 ………………………… 206

おわりに ……………………………………………………… 207

索　引 ………………………………………………………… 209

# 基礎編

# 第 1 章

# 吸着の仕組み

## ほんとうは収着材

「吸着」に似た用語に「吸収」と「収着」があります。「吸着」,「吸収」,「収着」を英語にすると,それぞれ adsorption, absorption, sorption です。「吸着」は固体の表面に乗っかっていく現象を指します。例えば,活性炭内部の細孔表面にベンゼンが「吸着」します。

大気中の二酸化炭素が海水に溶け込む現象をガス吸収と呼びます。「吸収」は表面ではなく内部にまで浸み込んでいく現象です。ガス吸収ですから,気体が液体に浸み込むときに使います。さて,「収着」は何かというと,「吸着」と「吸収」の両方が起きていることを表します。「吸着」と「吸収」の両方から「吸」の文字を取ってくっつけて「着収」,語順をひっくり返すと「収着」になります。

わたしたちが放射線グラフト重合法によって作製した吸着材は正確には『収着材』です。放射線照射によってラジカルが基材の表面にも内部にもできて,そこからグラフト鎖を形成し,そこに官能基を導入します（図 1-1）。したがって,表面にも内部にも対象物質（ターゲットとも呼びます）は捕捉されます。だから,起きている現象は「収着」です。ただし,対象物質のサイズが大きくなるとグラフト鎖間にも基材内部にも対象物質は侵入できなくなります。

市販されているイオン交換樹脂ビーズもキレート樹脂ビーズも,架橋された高分子鎖にイオン交換基やキレート形成基が導入されていますから,サイズの大きくない対象物質はビーズの表面はもちろんのこと内部まで侵入して捕捉されます。ですから『収着材』といえます。しかし,世の中では対象物質を捕捉する固体の材料は何でもかんでも『吸着材』と呼びます。この本でも「収着

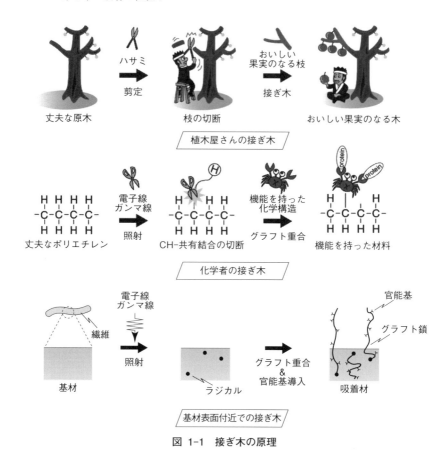

図 1-1 接ぎ木の原理

材」ではなく「吸着材」と呼ぶことにします。ご了承ください。

**分離の分類と相互作用**

　分離技術の目的を次の五つに分類しました。「除去」,「採取」,「回収」,「濃縮」, そして「精製」です。英語にしておくと, わかりやすくなることもあるので, そうしておくと, それぞれ removal, collection, recovery, enrichment, and purification です。これらの目的を果たすのに, 固体吸着材, 特に, 高分子製吸着材を使おうというのが, この本を貫く姿勢です。

　対象物質であるイオンや分子を, 何らかの力によって認識して捕まえます

（「捕捉する」とも「捕集する」とも呼びます）。その結果としてイオンや分子が『吸着した』と呼びます。吸着とは起きた現象の名称です。ここで働く力を「相互作用（interaction）」と呼びます。対象物質と吸着材とが互いに作用を及ぼし合うのですから「相互作用」というのは理解しやすい名称です。

　相互作用を及ぼし合うペアの一方を固体に取り付ければ吸着材がつくれます。取り付けた化学構造を「官能基」あるいは「リガンド（ligand）」と呼びます。官能基は functional group の日本語訳です。興奮気味の学生に「官能基」を英語にしてみなさいと尋ねると，erotic group と訳してくれます。

**アフィニティ相互作用**

　液中に溶けている対象物質を捕まえるにはそれなりの仕組みが必要となります。この本で紹介する分離の事例から，吸着の仕組みは次の六つに分類されます。静電相互作用（イオン交換），キレート形成，アフィニティ相互作用，疎水性相互作用，共有結合，そして水素結合です。

　ユニークな点から，アフィニティ相互作用を説明します。「アフィニティ（affinity）」の語源は「結婚」です。一夫多妻制はさておき，赤い糸で結ばれている1：1の関係です。結合力が強く，対象物質が低濃度でもそれを捕捉します。アフィニティは，真のアフィニティと偽のアフィニティ（pseudoaffinity）とに分けられます。結婚にも偽装結婚があるぐらいですから，偽アフィニティがあってもよいでしょう。

　真のアフィニティの代表は抗体と抗原の関係です。酵素と基質，酵素と阻害剤の関係もこれです。一方，偽のアフィニティの代表は固定化金属（immobilized metal）です（図 1-2）。例えば，イミノ二酢酸基に固定したニッケル（Ni）イオンはヒスチジン（His）標識したタンパク質（histidine-tagged protein）を特異的に捕まえます。また，スルホン酸基に固定した銀イオンは高級不飽和脂肪酸化合物（PUFA：polyunsaturated fatty acid），例えば，ドコサヘキサエン酸エチルを特異的に捕まえます。固定化金属のほかにも偽アフィニティリガンドがあります。フェニルアラニン（Phe）やトリプトファン（Trp）といった疎水性アミノ酸（図 1-3）をリガンドとして固体材料に固定すると，血液中の病因タンパク質を捕まえます。

　真のアフィニティ吸着では，静電相互作用，キレート形成，疎水性相互作

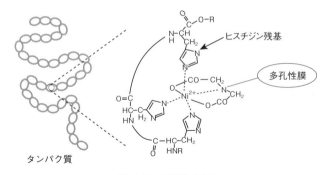

図 1-2　固定化金属

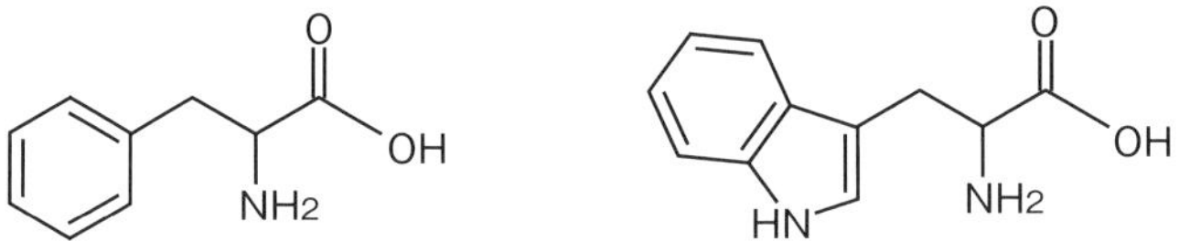

(a) フェニルアラニン(Phe)　　　(b) トリプトファン(Trp)

図 1-3　疎水性アミノ酸

用，あるいは水素結合が三次元の狭い空間内で協奏しているように働きます。したがって，対象物質がいったん捕捉されるとそこから溶離させるのに苦労します。

　抗 17β-エストラジオールポリクローナル抗体をグラフト鎖に固定すると，その抗原である 17β-エストラジオール（図 1-4）を液中から特異的に捕捉できます。その代わり，普通の溶離液，例えば，酸やアルカリを使っても 100 % の溶離率は望めません。アフィニティの関係を無理やりに壊さないと溶離率 100 % を達成できません。そこで，有機溶媒，例えば，メタノールを使います。しかし，そのときに，リガンドである抗体はダメージを受け，再度使うと 17β-エストラジオールの吸着量が減ります。このように相互作用が強すぎると，捕捉した対象物質を外すときに困ります。適当な薬剤で溶離ができないと，吸着材の採用は見送りになってしまいます。もちろん，1 回きりの吸着で終わりなら OK です。

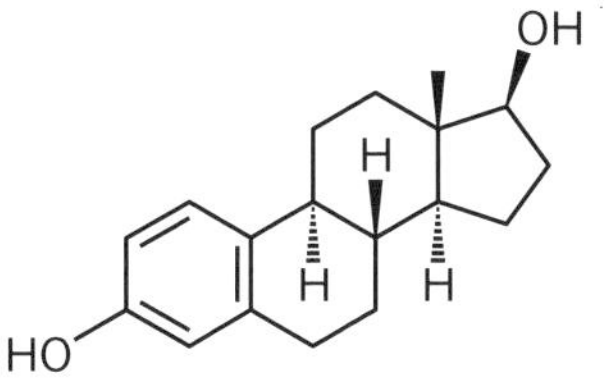

図 1-4　17β-エストラジオール

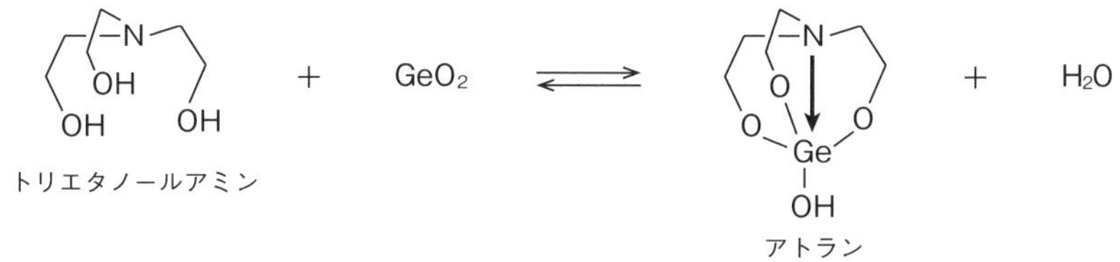

図 1-5　三つのヒドロキシ基と酸化ゲルマニウムとの反応

**共有結合**

「新しい共有結合が起きる捕捉の仕組みを吸着と呼ぶのだろうか？」と自問自答したことがあります。グラフト鎖にヒドロキシ基（水酸基）をもつ官能基でこの仕組みの吸着が起こります。図 1-5 に示すように，三つのヒドロキシ基が酸化ゲルマニウム（$GeO_2$）と反応します。共有結合を介してつながります。その後，酸を加えると，酸化ゲルマニウムが外れてきます。そのメカニズムを深く考えなければ，「くっついて，酸で外せた」わけです。「吸着と溶離」に見なせますから，吸着の仕組みの一つに含めます。なお，$N$-メチルグルカミンを使ったホウ素の吸着もこの共有結合による吸着です（図 1-6）。

**水素結合**

結合が弱くても，水素結合力によって対象物質を捕捉できるのなら儲けものです。対象物質を捕まえた吸着材をお湯につけて対象物質を溶離させることさえできます。緑茶抽出液からのポリフェノールの一つであるカテキンの吸着はこれに当てはまります。カテキン中のヒドロキシ基とポリ $N$-ビニルピロリドン（NVP）グラフト鎖中の酸アミドとの水素結合によって吸着が起きます（図 1-7）。

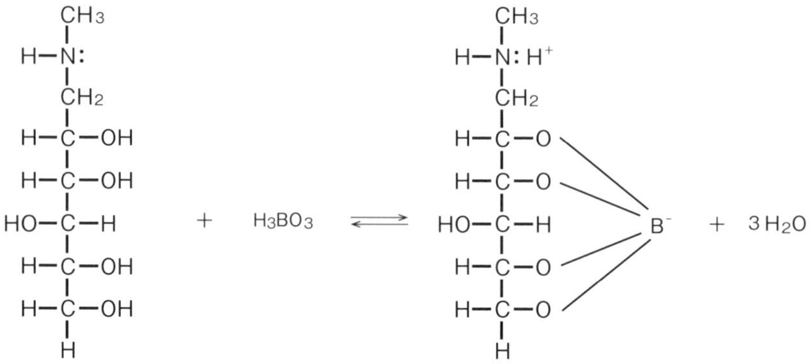

8　第1章　吸着の仕組み

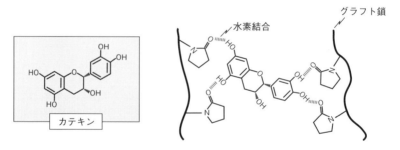

図 1-6　N-メチルグルカンとホウ酸との反応

図 1-7　カテキンとポリ N-ビニルピロリドングラフト鎖中の酸アミドとの水素結合

**疎水性相互作用**

　疎水性相互作用 (hydrophobic interaction) は，具体的には，アルキル基 ($C_nH_{2n+1}-$) とアルキル基との相互作用です。ここで，炭素数 $n$ として少なくとも4のブチル基 ($C_4H_9-$)，できればその倍のオクチル基 ($C_8H_{17}-$) が疎水性リガンドとして好都合です。フェニル基 ($C_6H_5-$) も疎水性リガンドと呼ばれます。しかし，GMA（グリシジルメタクリレート，glycidyl methacrylate）グラフト鎖中のエポキシ基に疎水性リガンドを導入しようとしたときに，フェノール ($C_6H_5OH$) よりもオクチルアミン ($C_8H_{17}NH_2$) やオクタンチオール ($C_8H_{17}SH$) のほうが反応させやすく，官能基を導入するための試薬として便利です。この本では，アルキル基をもつグラフト鎖が，分離に直接，役立つの

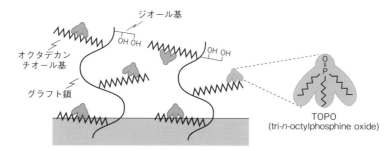

図 1-8 抽出試薬を担持するときに足場となるグラフト鎖

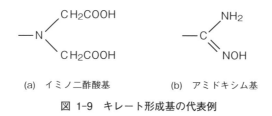

(a) イミノ二酢酸基　　(b) アミドキシム基

図 1-9 キレート形成基の代表例

ではなく，金属イオンを捕捉するための抽出試薬を担持するとき，その足場として貢献します（図 1-8）。

**キレート形成**

　キレート（chelate）の語源「カニのはさみ」から考えて，対象物質（ほとんどが金属イオン）を挟む必要があります。そのためには，多くの元素がはさみを構成するのに協力します。カルボキシ基（-COOH），アミノ基（-NH$_2$），イミノ基（-NH）といった電荷をもつ官能基に加えて，窒素（N）の非共有電子対が手を貸してくれます。

　キレート形成基の代表は図 1-9 に示すイミノ二酢酸基とアミドキシム基です。市販されているキレート樹脂ビーズには，架橋された高分子鎖内にイミノ二酢酸基が導入されています。また，アミドキシム基はその名のとおり，アミノ基（-NH$_2$）とオキシム基（-N=OH）が協力して金属イオンを挟みます。

　イミノ二酢酸型キレート樹脂は，高濃度の塩化ナトリウム水溶液からでも，アルカリ土類金属に属するカルシウム（Ca）やマグネシウム（Mg）のイオンを除去します。そのおかげで食塩電解法によって塩素と水酸化ナトリウム（化

学工業界ではカセイソーダと呼びます）を製造するときに，電解槽の部材の一つである隔膜に水酸化カルシウムや水酸化マグネシウムが析出するのを抑制できています。いい換えると，電気抵抗の上昇や隔膜の破損を防ぐのに役立っています。塩素とカセイソーダはわたしたちの生活を支える重要物質です。その点から，イミノ二酢酸型キレート樹脂は高分子材料の『地上の星』といえます。

## 静電相互作用（イオン交換）

静電相互作用（electrostatic interaction）はプラス電荷とマイナス電荷の引き合いのことです。もちろん同じ電荷なら反発します。electro- が「電気」，-static が「静的な（動かない）」を表しますから「静電の」となります。これに対して，electrokinetic という用語があって「動電の」です。電気が流れるわけではないから「静電の」と限定したのだと思います。

プラスの電荷をもつ官能基に，マイナスの電荷をもつイオン（アニオン，日本語訳では，陰イオン）が吸着します。この逆の吸着も起きます。プラスの電荷をもつ官能基，いい換えると，アニオン交換基（anion-exchange group）には，はじめは異なるアニオンが傍にいたわけで，そこへ新たなアニオンが近づいて入れ替わります。静電相互作用の強いほうのペアに落ち着きます。

イオン交換が起きる場所にはバラエティがあります。高分子製吸着材の場合，例えば，グラフト鎖上に固定された電荷をもった官能基の周辺でイオン交換が起きます。他方，無機化合物吸着材の場合，『ジャングルジム』の形をした結晶内でイオン交換が起きることもあれば，シートとシートの間に挟まれた空間でイオン交換が起きることもあります。このケースでは，わたしは『ゴーフル』（2枚のシート状の間にクリームが挟まれている上野風月堂のお菓子）をイメージしています。

グラフト鎖はこうした無機化合物を包み込んで担持できます。『ジャングルジム』型の不溶性フェロシアン化コバルト（ヘキサシアノ鉄(II)酸コバルト）を担持したグラフト繊維そして『ゴーフル』型のチタン酸ナトリウムを担持したグラフト繊維は，それぞれ汚染水から放射性セシウム（Cs）そして放射性ストロンチウム（Sr）を捕捉します（図 1-10）。放射性のセシウムやストロンチウムだけではなく，非放射性のセシウムやストロンチウムも分け隔てなく捕

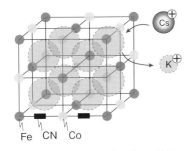
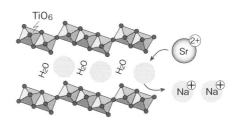

(a) 放射性セシウム（$Cs^+$）の捕捉　　(b) 放射性ストロンチウム（$Sr^{2+}$）の捕捉

図 1-10　放射性セシウムと放射性ストロンチウムの捕捉のしくみ

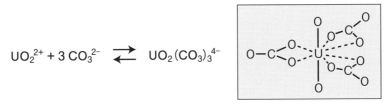

図 1-11　三炭酸ウラニルイオン

捉します。放射性と非放射性を識別する能力までは残念ながらありません。

　液中のイオンにもバラエティがあります。形，サイズ，電荷量がいろいろです。わたしたちが扱ってきた液体は水溶液です。水溶液ではpHやイオン強度がイオンの形態を決めています。pHは水素イオン濃度を表し，イオン強度はアニオンとカチオンの合計電荷量に対応します。例えば，アルカリ土類金属に属するカルシウム（Ca）はpHが高くなると$Ca(OH)_2$の沈殿ができますが，そうでなければ$Ca^{2+}$として溶存しています。ウランはpHによって形が複雑に変わります。酸性下では$UO_2^{2+}$（ウラニルイオン），pH 8（海水のpH）付近では$UO_2(CO_3)_3^{4-}$（三炭酸ウラニルイオン）という形で溶けています（図1-11）。

　タンパク質は両性電解質（amphoteric electrolyte）であるアミノ酸が縮合して高分子になった物質です。ここで「両性」とは溶液のpHによって酸性にも塩基性にも変わるということです。動物でいえば，水中でも陸上でも生きて

いける両生類 (amphibian) です。そのため，タンパク質溶液の pH が低いところから高いところへ変わると，タンパク質全体の電荷が，プラスからゼロそしてマイナスへ変わります。そのゼロになる pH をそのタンパク質の等電点 (isoelectric point，略して pI) と呼びます。そういうこともあって，緩衝液 (buffer) という液にタンパク質を溶かして pH が変わらない，いい換えるとタンパク質の電荷が変化しないように工夫することができます。

> コーヒーブレイク

# 千葉県は世界第2位のヨウ素生産地

## 南関東ガス田からのヨウ素の回収

　『南関東ガス田』という言葉を 2017 年 8 月 21 日に知りました。生まれてから 63 年間，この言葉を知らずに過ごしてきました。『南関東』なので千葉県がもちろん含まれます。土地を掘ると油が出てくる油田とは違って，メタンガスが出てくるので『ガス田』(gas well) と呼ばれています。

　かん水にはいろいろな種類があります。イオン交換膜を使って電気透析法で海水を濃縮し得られる液をかん水と呼んでいます。また，ラーメンの麺をゆでるときの塩水もかん水です。南関東ガス田からメタンガスを採り出した残りの液は『古代海水』とも呼ばれるかん水です。この「古代」海水には，ヨウ素が「現代」海水のなんと約 2,000 倍の濃度で溶けています。

　先日，千葉県の外房線の上総一ノ宮駅に学生と一緒に降り立ち，伊勢化学工業(株)のヨウ素製造工場を見学しました。かん水からヨウ素が気化すると装置の金属部材を酸化腐食させるので，工場内では，わざわざ木製の部材も多くありました。地下 500〜2,000 m から汲み上げたかん水を一時的に貯めておくプールのふた板も木製でした。そのふた板に乗ってかん水を手で掬って舐めると，味はやはり，しょっぱかったのです。80〜200 万年も前に地層に閉じ込められた海水を舐めたと思うと感激しました。

　古代海水を舐めたときにこう思いました。「ヨウ素が 2,000 倍も濃縮されているなら，他の微量元素も相当に濃縮されているにちがいない。海水ウラン採取を研究テーマにしたことのあるわたしにはウランが濃縮されていれば好都合だ」うきうきしながら，文献を調べると，なんと，かん水中のウラン濃度はゼロでした。「現代海水には 1 トンに 3 mg でウランが溶けているのに…。どうなっているんだ！」とわたしはがっかりしました。

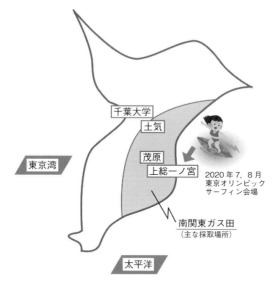

図 1　千葉県の南関東ガス田

## 土から気体がしみ出て「土気」

　千葉には「茂原（もばら）」「土気（とけ）」という地名があります。それぞれ海藻が『茂』っていた海底の『原』っぱだった，そして『土』から『気』体（メタンガス）がしみ出ていたということから地名がついたそうです（図1）。こうした地名は南関東ガス田に関係していたのです。

　生産地が千葉県に偏っているのは経済的に供給リスクが高いので，伊勢化学工業(株)では宮崎県のガス田からもヨウ素を製造しています。日本は南米チリに次いで世界第2位のヨウ素生産国です。チリはチリ硝石から，日本はかん水からヨウ素を採取しています。つい最近になって知ったわたしがいうのもとは思いつつ，千葉に長く住んでいても「千葉県がヨウ素の世界第2位の生産地」であることをご存じでない県民が多いので，ここで紹介させていただきました。

　ヨウ素は，身近も身近，わたしたちの指先のすぐ先にあります。スマホの液晶ディスプレイの偏光フィルムにはヨウ素が含まれています。また，ヨウ素は人間にとって必須元素です。日本人は昆布やひじきといった海藻から必要量を摂取できています。アメリカでは食塩にヨウ素を配合するように規定されています。

# 第2章

# 吸着材の作製法と性能評価法

## 最強の吸着材の作製法：放射線グラフト重合法

　この本の内容は「グラフト重合による新しい吸着材の科学」ということができます。しかし，すべて「新しい」わけはなく，材質，形，あるいは化学構造が「新しい」のであって，「これまでの」吸着材がダメなわけではありません。世の中が移り変わっていく中で吸着材の用途が拡がったり，吸着材に要求される性能が変わったりするので，「新しい」吸着材が登場するのです。

　多様な用途や要求性能に対応できる吸着材の作製法の一つが「放射線グラフト重合法」です。この方法を採用し，わたしたちの研究グループは35年間にわたって吸着材を作製してきました。この年月からして吸着材の作製法の「一つ」ではなく「最強の作製法」といいたいところです。

　それでは，しばらくの間，放射線グラフト重合法の説明をします。まず，英語名は radiation-induced graft polymerization です。この名に沿って吸着材をつくることができます。まず，radiation は電子線やガンマ線といった放射線のことです。エネルギーをもった放射線を既存の（すでにこの世に存在する）高分子材料にあてます。このことを「放射線照射」と呼びます。炭素と水素の結合エネルギーより大きなエネルギーをもつ放射線をあてると，高分子材料中の炭素と水素の結合が切れてラジカル（不対電子）ができます。このように，ラジカルをつくり出すのに放射線を使ったので，radiation-induced と呼ぶわけです。

## 前照射と同時照射，どっちがよい？

　基材に放射線をあててつくったラジカルとビニルモノマー（vinyl monomer）中の二重結合とが反応すると，グラフト重合が始まり，グラフト（接ぎ

木）高分子鎖が成長します。そのとき，放射線をあてるタイミングを二つに大別できます。一つは，基材だけに放射線をあてて，あらかじめラジカルをつくっておき，その後，ビニルモノマーと接触させる方法。これを前照射グラフト重合法（preirradiation）と呼びます。もう一つは，基材とビニルモノマーを初めから接触させておいて，そこへ放射線をあてる方法。これを同時グラフト重合法（simultaneous irradiation）と呼びます。

　どちらがよいかというと前照射法がお薦めです。その理由は同時照射の場合，基材だけでなくビニルモノマーにも放射線があたりますから，そこにラジカルができ，ビニルモノマー間だけでも重合が起きることがあるからです。そのときには，グラフトではない重合体（ホモポリマー，homopolymerと呼ばれています）ができてしまいます。

　一方，前照射法なら，ビニルモノマーのないところで，基材に窒素中で放射線をあてます。その後，ビニルモノマーと接触させるまでラジカルを保存することが肝要です。空気中の酸素と反応すると，グラフト重合しにくいパーオキシラジカル（-O-O・）ができて不都合です。そこで，グラフト重合に貢献するアルキルラジカルの数（密度）が減らないように照射基材を低温貯蔵します。温度を下げていくと，基材の高分子鎖がしなやかさを失い，やがてガラスのように硬くなります。この「ガラス転移温度（glass-transition temperature）」より低い温度に，冷凍庫の温度を設定して照射基材を保存すれば，ラジカルは動けません。

　解凍して，このラジカルに，ビニルモノマーを接触させると，ビニルモノマー分子内の二重結合がラジカルと反応して開き，新たなラジカルができます。この時点で重合反応が「開始」しました。そこへ，新たなビニルモノマーが接触し，新たなラジカルができます。この反応が繰り返して起き，高分子の鎖が「成長」していきます。こうしてビニルモノマーが重なり合わさっていくので重合（polymerization）と呼びます。そのうちに不均化や再結合というラジカルがなくなる仕組みが起き，重合は「停止」します。

　放射線をあてる既存の高分子材料を幹とみなすと，ラジカル重合によって形成された高分子鎖は幹に接ぎ木（「つぎき」と読みます）した枝のようにみなせます。そこで，接ぎ木（graft）という名がつきました。接ぎ木高分子鎖を

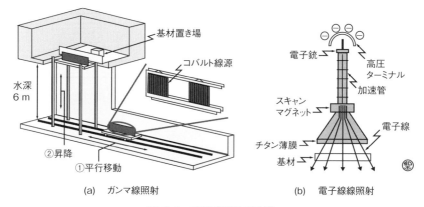

図 2-1　放射線照射の設備

つくる重合反応ですから，graft polymerization です。というわけで，放射線によって誘起されたラジカルから始まる接ぎ木重合ですから「放射線誘起グラフト重合（radiation-induced graft polymerization）」です。名が長すぎるので，日本語では「放射線グラフト重合」と訳しています。

## 放射線の照射の設備

　放射線グラフト重合法と聞くと，「いかついなあ」と思うでしょう。そのとおり，いかついのです。放射線をあてるには安全に配慮した頑丈な設備が要ります（図 2-1）。放射線を照射する設備とそれを管理する照射専門企業が日本には関西と関東に数社あります。

　これらの照射施設は，放射線グラフト重合法のためにつくられたのではありません。おまけとして，グラフト重合向けに放射線をあててくれます。もちろん有償です。放射線照射は，おもに，医療器具，例えば，注射器の滅菌や殺菌に利用されています。また，タイヤやゴムの架橋にも使われています。ゴムタイヤやポリマー被覆電気コードの製造工場には電子線照射設備が設置されています。一昔前までは電気コードが燃え出すことがありましたが，今は電気コードの被覆ポリマーに放射線を照射することによって高分子鎖が架橋され，耐熱性が向上して電気コードは燃えにくくなりました。

18　第2章　吸着材の作製法と性能評価法

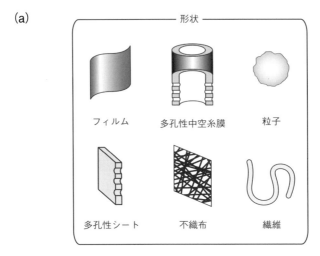

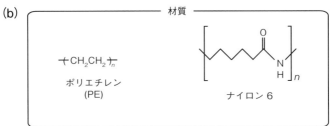

図 2-2　基材の形状(a)と材質(b)

## 第一の選択：基材の形と材質

　話を放射線の工業利用から，その利用法の一つにすぎない放射線グラフト重合法に戻します。放射線グラフト重合法の利点は材料開発の過程で，選択できる項目が多いことです。第一から第三の選択までに分けて説明します。

　まず，他の用途に開発された世の中にあるポリマー材料の中から，分離の用途に合わせて形や材質を見計らって，幹ポリマー（「基材」とも「出発材料」とも呼びます）を選びます。この本では以下，「基材」と呼びます。特に，形は自由です。わたしたちの場合，フィルム，多孔性中空糸膜，粒子，多孔性シート，不織布，繊維をこれまで採用してきました（図 2-2(a)）。

　一方，材質は自由とはいいつつも制限がかかります。基材が吸着材に変身す

るまで試練がつづくためです。まず，基材は放射線の照射を受けます。次に，グラフト重合でビニルモノマーとその溶媒，さらに，官能基導入で反応試薬とその溶媒にさらされます。そして，吸着材に変身した後も吸着と溶離操作でそれぞれの液に浸されます。こうしたときに，材料が分解したり，脆くなったりするのは許されません。こうした試練を乗り越える基材の材質として，わたしたちは，ポリエチレンとナイロン6を採用してきました（図 2-2(b)）。万能ではありませんが，多くの薬品に耐え，強度もあって，すばらしい素材です。

## 第二の選択：モノマーと官能基

　接ぎ木重合に使うビニルモノマーは二つに大別されます。一つは，もともと官能基をもっているビニルモノマーです。もともと官能基をもつとはいうものの，多くの場合，その官能基はイオン交換基です。もう一つは，官能基を導入しやすい化学構造をもっているビニルモノマーです。前駆体モノマー（precursor）と呼ばれます。どちらがよいということはなく，一長一短があります。

**水に溶かして使えるビニルモノマー**

　イオン交換基を四つに分けると，強酸性カチオン交換基，弱酸性カチオン交換基，強塩基性アニオン交換基，そして弱塩基性アニオン交換基となります。それぞれ代表的な構造は，図 2-3 に示すように，スルホン酸基，カルボキシ基，トリメチルアンモニウム塩基，そしてジエチルアミノ基です。そして，これらのイオン交換基をもともと有しているビニルモノマーは，それぞれスチレンスルホン酸ナトリウム（SSS），アクリル酸（AA），ビニルベンジルトリメ

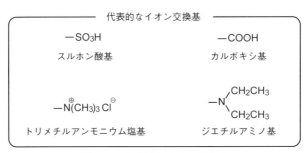

図 2-3　代表的なイオン交換基

チルアンモニウムクロリド（VBTAC），そしてジメチルアミノエチルメタクリレート（DMAEMA）です。

　これらのイオン交換基をもつビニルモノマーは水に溶けるので便利です。有機溶媒を使わないですむので，研究室で実験や工場で作業をする人にとってはうれしい薬品です。ただし，基材の材質にポリエチレンを選ぶとそれが疎水性であるため，これらのビニルモノマー水溶液を使うとビニルモノマーが基材上のラジカルに接近できずに重合反応が進まないので工夫が必要になります。一方，基材がナイロン6だと親水性なのでグラフト重合は順調に進みます。

**多種多様な官能基を導入するためのビニルモノマー**

　分離，具体的には，除去，採取，回収，濃縮，精製に役立つ官能基をグラフト鎖に導入（固定とも呼ぶ）するのに便利なビニルモノマーとして圧倒的に人気のあるビニルモノマーがあります。その名はグリシジルメタクリレート（glycidyl methacrylate），日本での試薬名はメタクリル酸グリシジルです（図 2-4）。略して GMA（ジーエムエー）です。エポキシ基をもつビニルモノマーです。分子内にエステル部分があるので加水分解するのではと心配しましたが，隣接するメチル基によってエステル部分が保護されるので，酸にもアルカリにも相当に安定です。「GMA がなかったとしたら，わたしたちの吸着材の開発は限定されていただろう。GMA，いいビニルモノマーです。ありがとう」という仮定法過去完了の文がつくれます。

　Frantisek Svec 先生（現在，アメリカの Lawrence Berkeley National Laboratory）が，GMA と架橋剤を重合してつくったビーズに，エポキシ基を活用して，さまざまな官能基を導入しました。得られたビーズをガス，金属イオン，そしてタンパク質の吸着に適用しました。Svec 先生は GMA 分子内のエポキシ基に水，アミン，そしてチオールをたやすく付加できることを示しました。

　わたしたちは，さまざま形の基材に接ぎ木した GMA 高分子鎖中のエポキシ

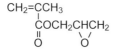

図 2-4　メタクリル酸グリシジル（GMA）

基に，Svec 先生の研究を大いに参考にして，というより真似をして，さまざまな官能基を導入してきました。「Svec 先生の研究成果がなかったとしたら，わたしたちは安心して官能基を導入することができなかったでしょう。Svec 先生，お会いしたことはありませんが，ありがとうございます」。一方で，わたしたちがエポキシ基に付加したタウリン，核酸塩基，そしてタンニンの三つの試薬は「そんな試薬まで GMA 高分子鎖に導入したんだ！」と Svec 先生に褒められるだろうと思います。

　GMA グラフト鎖中のエポキシ基は，アミノ基（-NH$_2$），チオール基（-SH），あるいはヒドロキシ基（-OH）とたやすく反応します（図 2-5）。この性質がグラフト鎖にさまざまな官能基を与えます。GMA がさまざまな対象物質を捕まえることができる源泉なのです。GMA グラフト鎖のエポキシ基から官能基への転化率（転換率）を高めるためには，反応に使う溶媒や液の pH をうまく選ぶ必要があります。

　これまでわたしたちが GMA グラフト鎖に導入してきた試薬の分子量の範囲は，17（NH$_3$，アンモニア）から約 160,000（抗体）まであります。そこまで大きいと，グラフト鎖中のエポキシ基と反応して，共有結合を介して官能基が導入されているのかどうか判定がむずかしいところです。しかし，反応後に材料の重さは確実に増加しますから，わたしたちはエポキシ基に固定されている

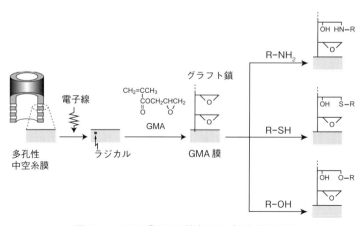

図 2-5　GMA グラフト鎖中のエポキシ基の反応

と信じています。

**共グラフト重合**

　放射線を照射して基材にあらかじめラジカルをつくって，1種類のビニルモノマーと接触させるという話をこれまで進めてきました。しかし，接触させるビニルモノマーは二つでも三つでもよいはずです。ただし，できあがったグラフト鎖の組成ぐらいはわかるとしても，グラフト鎖長方向での混ざり具合の決定はむずかしいでしょう。

　疎水性の基材，例えば，ポリエチレンに，イオン交換基を元々もつビニルモノマーのグラフト重合は進まないので，非荷電の親水性ビニルモノマー，例えば，2-ヒドロキシエチルメタクリレート（HEMA）を混ぜて，グラフト重合を進めることが可能です（図 2-6）。共グラフト重合と呼びます。一方，親水性の基材，例えば，ナイロン6なら，こうした工夫は不要です。

**ポリマーブラシとポリマールーツ**

　長さ1μmは十分にあるというグラフト鎖の端から端までを考えたとき，基材の内部に埋め込まれている部分をポリマールーツ（polymer root），他方，基材の表面から外部へ向かっている部分をポリマーブラシ（polymer brush）と呼びます（図2-7）。ポリマールーツは，基材，例えば，ポリエチレンなら，その高分子鎖に取り囲まれています。したがって，金属イオンのようなサイズの小さな物質はポリマーブラシにだけでなくポリマールーツにも到達できるのに対して，タンパク質のようなサイズの大きな物質は，基材の高分子鎖に侵入を阻まれてポリマーブラシにだけ接近します。

　ラジカルは基材全体に均一につくれますから，グラフト鎖の平均の姿とし

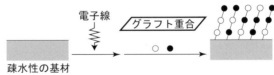

　　　　　○：非荷電の親水性ビニルモノマー
　　　　　●：イオン交換基をもつビニルモノマー

**図 2-6　疎水性基材への共グラフト重合**

第二の選択：モノマーと官能基　　23

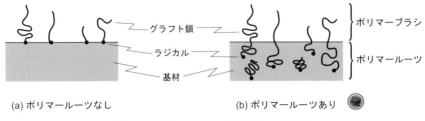

(a) ポリマールーツなし　　　　(b) ポリマールーツあり

図 2-7　ポリマールーツとポリマーブラシ

(a)　ニンジン型　　　　　　(b)　カブ型

図 2-8　グラフト鎖の形成部位での両極端

て，ポリマールーツとポリマーブラシをどういう割合でつくるのかは，ラジカルへのビニルモノマーの接触のさせ方で決まります。グラフト鎖の両極端の姿として，ポリマーブラシがポリマールーツに比べて短い『ニンジン型』と，逆に，ポリマーブラシがポリマールーツに比べて長い『カブ型』とに分けましょう（図 2-8）。金属イオンを捕まえるなら，どちらでもかまいません。しかし，タンパク質を捕まえるなら，カブ型をめざします。

　カブ型グラフト鎖をつくりたいなら，水に溶けにくいビニルモノマー，例えば，GMA を界面活性剤で包み込んで水中でミセルをつくり，グラフト重合の反応液として利用する方法（乳化グラフト重合法と呼びます）を採用します（図 2-9）。玉コロ状のミセルが，照射基材にぶつかって壊れ，ミセル内のビニルモノマーが外へ浸み出して基材表面のラジカルに出会ってグラフト重合が開始します。ビニルモノマー濃度が 100 ％ なので，基材にビニルモノマーが深く浸み込まないうちにグラフト重合が進み，ポリマーブラシの割合が高くなるのだろうと，まるで見てきたかのようにわたしたちはこの仕組みを説明しています。

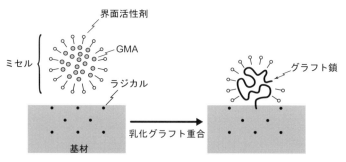

図 2-9　カブ型グラフト鎖のつくり方の一つ

## 第三の選択：担持と固定

　ふつうは，ここまでの二つの選択で，用途に合わせた形をもつ，新しいイオン交換樹脂やキレート樹脂をつくったことになります。放射線グラフト重合法によって十分に役立つ高分子製吸着材を開発できたわけです。しかし，接ぎ木高分子鎖（グラフト鎖）を有する材料はここから先でも"大技"を出せます。付加価値の高い吸着材や触媒がつくれます。それは，グラフト鎖がそれなりに長く（伸びきり長さで，少なくとも 1 μm），しかも伸び縮みするからです。

　グラフト鎖は，ラジカルを開始点として成長し，そしていずれ停止するので，片端が固定され，もう一方の片端が自由に動けるという構造をしています。見てきたわけではありませんが，図 2-10(a)に示すように，基材のいろいろな場所から，いろいろな密度で，いろいろな長さで，そしていろいろなコンホメーション（conformation，三次元の形態）でグラフト鎖が形成します。『グラフト鎖いろいろ』です。しかしながら，わたしたちは，話を簡潔にするため，図 2-10(b)に示すグラフト鎖のイメージをつくっています。勝手なモデリングです。ご了解ください。

　相当に長くて，伸縮可能なグラフト鎖が他の物質を多量に包み込む，もっというと，絡み取ることができます。ここで，他の物質とは，無機化合物の微粒子，抽出試薬，そして酵素です。この三つのうち，前の二つが包み込まれることを担持（impregnation），最後の一つが包み込まれることを固定（immobilization）と，類似の現象なのに，習わしでそう呼ばれます。これらは，グラフ

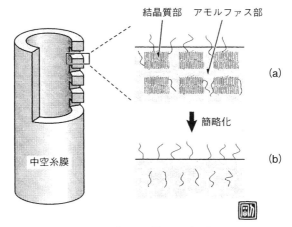

図 2-10　グラフト鎖のモデル化

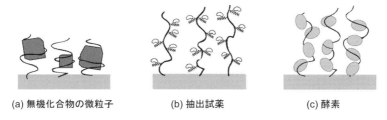

図 2-11　材料界面でのグラフト鎖の様子

ト鎖に絡み取られて外れにくく，または外れなくなります．そうして，無機化合物微粒子担持材料，抽出試薬担持材料，そして固定化酵素材料が誕生します．それぞれの材料の界面でのグラフト鎖の様子を図 2-11 に示します．

　まず，無機化合物が不溶性フェロシアン化コバルトなら液中でセシウムイオンを，チタン酸ナトリウムなら液中でストロンチウムイオンを選択的に捕捉します．次に，抽出試薬が HDEHP（bis(2-ethylhexyl)phosphate）や TOPO（tri-$n$-octylphosphine oxide）ならアクチノイドをはじめ多くの金属を抽出します．酸の種類や濃度を適当に選択することによって特定の金属イオンを捕捉できます．さらに，酵素がウレアーゼなら液中の尿素を，カタラーゼなら液中の過酸化水素を特異的に分解します．このように，第三の選択までして吸着材

をつくると，グラフト鎖は表に立って吸着に活躍するのではなく，裏に回って，吸着や反応に寄与する物質を担持あるいは固定し，その物質を支え，その吸着や反応での活躍を助けます。

第一から第三までの選択をして，分離の用途に合わせて，さまざまな形と化学構造をもつ吸着材をつくれることが放射線グラフト重合法の特長です。というわけで，この本で取り上げた23項目の課題を，わたしたちは放射線グラフト重合法でつくった吸着材を使って，解決しようとしました。巻末に捕捉対象に下線を引いて研究論文を掲げました。自画自賛ではありますが，放射線グラフト重合法の守備範囲の広さをこの文献リストをご覧いただくと理解していただけると思います。35年間で，グラフト鎖に導入されたり，捕捉されたりした元素を数えてみると38個になります。

## グラフト率と官能基密度

グラフト重合の進み具合は基材（幹）に対する接ぎ木高分子鎖（枝）の重量の増加率で表します。この重量増加率をグラフト率（degree of grafting）と名付けます。1gの基材に放射線をあてて，ビニルモノマーが接ぎ木重合して全体の重量が2gになったとします。2gから基材の重量1gを引くと，接ぎ木高分子鎖の重量が1gとなりますから，グラフト率は（接ぎ木高分子鎖の重量）／（基材の重量）＝1／1＝1，これに100を掛けて，100％となります。いい換えると，グラフト重合によって高分子材料の重さが倍になるとグラフト率が100％ということです。

官能基（またはリガンド）の量は「官能基密度（functional group density）」で表します。吸着材1gあたりの官能基のモル数です。ここで，リガンド（ligand）という用語は「アフィニティリガンド」いう具合に使います。「ある成分」を特異的に捕まえる官能基のことをさします。

元々イオン交換基をもつビニルモノマーをグラフト重合した場合を例にとってイオン交換基密度を算出します。ジメチルアミノエチルメタクリレート（DMAEMA，分子量157）がグラフト率100％なら，1gの基材に1gのポリDMAEMA鎖が接ぎ木されています。得られたアニオン交換体のアニオン交換基のモル数は，ポリDMAEMA鎖1gを分子量157で割るとアニオン交換

基モル数が算出されます。この値を吸着材全体の重さ2gで割るとアニオン交換基密度が出ます。

$$[1/(157)]/2 = 3.2 \times 10^{-3} \text{ mol/g} = 3.2 \text{ mmol/g} \tag{2-1}$$

密度がmmol/gの単位となるせいもあって，「低い値だなあ」と感想をもってはいけません。大雑把な話となりますが，1g＝1mLとすると，3.2 mmol/mL＝3.2 mol/Lとなります。3.2 mol/Lの塩酸は十分に強酸です。というわけで，吸着材中でアニオン交換基の密度は高いと判定してよいのです。しかも，基材で薄められての計算ですから，基材重量あたりのアニオン交換基密度はもっと高い（2倍の6.4 mmol/g-基材）のです。

## 吸着材の性能

吸着材をつくってそれで終わりとはいきません。吸着材の物性と吸着性能を調べる必要があります。物性（properties）は，吸着材の性質のことです。例えば，官能基密度とサイズ（寸法）です。多孔性なら孔構造の情報も大切です。一方，性能（performance）は吸着能力のことです。具体的には，吸着速度，吸着容量，そして繰返し使用での耐久性です。

吸着材の性能を定量的に，いい換えると，数字を使って表し，評価することが，吸着材の比較や改良には大切です。吸着材のよしあしの判断基準は，吸着材のコストはさておき，吸着速度，吸着容量，そして繰返し使用での耐久性です。吉野屋さんのように「うまい，はやい，安い」を真似ると，吸着材のキャッチフレーズは「はやい，たくさん，何度も」です。

吸着材を使った吸着操作では，一般に，狙いのイオンや分子を吸着材が捕まえたら，それを溶離させて，吸着材を再び吸着操作に使います。それでないと，毎回，毎回，吸着材の調達に費用がかかるからです。

## バッチ方式での実験方法

吸着材の性能の調べ方は二つに大別できます。一つはバッチ方式，もう一つは流通方式です。どちらがよいというのではなく，一長一短です。料理番組風に説明をします。実験に必要なものは次のとおりです。吸着材1g，ふたの付いたプラスチック容器，液体100 mL，そして振とう器（シェーカー）。

適当な濃度の液 10 mL に，吸着材 0.1 g を投入して，振とう器にセットします。容器の中で液体と吸着材がほどよく混ざるように往復振とうさせます。振とう機能が付いた恒温槽を使うと，温度一定（例えば，25 ℃）で吸着性能を調べられます。そうでなければ室温です。その場合には，液体の温度をときどき測っておきます。

　所定時間ごとに，例えば 10 分間隔で，振とうを止めて，液の一部をすばやく採取します。その液中の対象物質の濃度を適当な装置を使って測定します。例えば，金属イオンなら原子吸光光度計，タンパク質なら紫外分光光度計を使います。

　接触時間を横軸に，その時間での液中の対象物質の濃度を縦軸にとると，濃度減衰曲線が描けます（図 2-12）。容器の中での対象物質についての物質収支式は次のようになります。

$$(C_0 - C)V = qW \tag{2-2}$$

ここで，左辺が液中で対象物質が減少した量，右辺が吸着材に吸着した対象物質の量です。$C_0$ と $C$ は，それぞれ対象物質の初期濃度と接触時間 $t$ での濃度です。濃度の単位は mol/L または g/L です。$V$ は初期の液量［L］です。採取した液量が少ないうちはこれでよいのです。$q$ は吸着材の単位重量あたりの対象物質の吸着量で，単位は mol/g または g/g です。最後の $W$ は吸着材の重量［g］です。

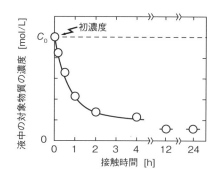

図 2-12　濃度減衰曲線

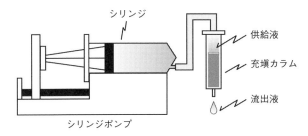

図 2-13　吸着材の流通方式での実験方法

## 流通方式での実験方法

　実験に準備するものは次のとおりです。吸着材 1 g，プラスチック製カラム（先端部にプラスチック製フィルターが付いている，図 2-13），シリンジポンプまたはチューブポンプ（流量が一定に保てる装置が望ましい），そしてシリンジ（注射器筒）。吸着材をカラムに充填します。高さを 1 cm くらいにします。吸着材の詰まったカラムを充填カラム（packed column）と呼びます。充填層の上端が液の入口，下端が液の出口ということになります。

　充填層の入口から下向きに，対象物質を含んだ溶液を，シリンジポンプ（またはチューブポンプ）を使って流通させます。ここで，入口の液を供給液（feed），出口の液を流出液（effluent）と呼びます。充填層の出口で液を少しずつ小分けして採取します。昔は当然のように学生さんが実験机に張り付いて，出口から滴り落ちる液を採取していました。しかし，今は，「フラコレ」，正式名「フラクションコレクター（fraction collector）」で自動採取することもできます。fraction が「部分」，collector が「採取器」ということです。

　小分けして採取された液中の対象物質の濃度を測定します。流出液の液量を横軸に，流出液の対象物質の濃度を縦軸にとって図面をつくります（図 2-14）。得られる曲線を破過曲線（breakthrough curve）と呼びます。breakthroughは英語で「突破」という意味があります。まさに，充填層内の吸着材の対象物質用座席が満席に近づいて，あるいは対象物質が座る時間が足りなくて，充填層を「突破」して，流出液中に検出され始めることを指します。流出液の対象物質濃度と供給液のそれが一致したら，吸着は起きなくなったことを表しま

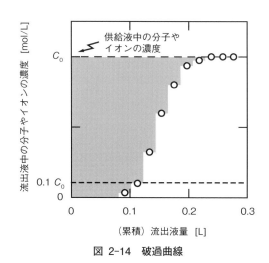

図 2-14　破過曲線

す。吸着平衡に達したわけです。

　検出し始めた液量を決めるのは案外にむずかしいので、供給液の対象物質の濃度の5%または10%の時点までとして決めることが多くあります。それまでに充填層内の吸着材に吸着した量を破過吸着量（breakthrough binding capacity）、一方、100%までの吸着量を平衡吸着量（equilibrium binding capacity）と呼びます（図 2-15）。破過吸着量は液の流量によって値が変わるのに対して、平衡吸着量は液の流量によらず不変です。平衡値が流量によって、いい換えると、時間によって変わってはいけません。

### 繰返し使用の実験方法

　バッチ方式にせよ、流通方式にせよ、吸着した対象物質を適当な溶離液を使って吸着材から溶離させます。全量が外れたとき、溶離率100%といいます。水で洗って、再度、吸着に使ってみて、水洗し、再度、溶離させます。この吸着、水洗、溶離、そして水洗という再生サイクルを繰り返して、吸着材の性能変化、すなわち各回の吸着量と溶離量を調べます。

　1日2回、再生するとして、3年使いつづけると、1年で $2 \times 365 = 740$ 回、3年で $740 \times 3 = 2,220$ 回の耐久性が吸着材に求められます。わたしたちの研究で

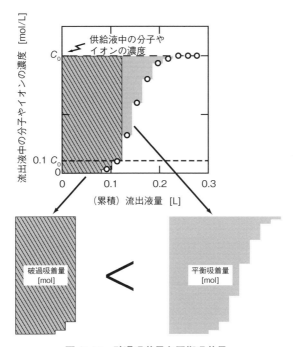

図 2-15 破過吸着量と平衡吸着量

は，せいぜい10回の再生試験をして「耐久性がありました」といってきました。少しばかり反省しています。2,220回ともなると官能基の化学的耐久性だけではなく，物理的な強度の低下や吸着材の一部欠落といったことが起こりえます。

　吸着材の再生を必要としないケースがあります。タンパク質の精製と原発汚染水処理での除染です。前者では溶離液や水の滅菌に費用がかかるため1回だけの使用だからです。後者では高濃度の放射性物質を含む液体（溶離液）が発生するのが嫌だからです。

第 3 章

# 吸着材開発の戦略

わたしたちが 1988 年に始めた研究テーマ「冷却水からのコバルトの除去」を通して学んだ，吸着材開発の戦略を述べます。

## カニのハサミで微量コバルトイオンを捕まえる

現時点で（2019 年 1 月），日本の原発の多くは停止しています。30 年ほど前は，西日本では加圧水型原子炉（PWR：pressurized water reactor），一方，東日本では沸騰水型原子炉（BWR：boiling water reactor）が稼働していて，日本の全電力の約 30 ％をつくっていました。原発には定期点検が義務付けられていて，定期点検のときには原子炉内を循環していた水が抜き出されていました。その水には極微量のコバルト 60（$^{60}$Co）イオンが溶けています。「点検作業をする人の被ばく量を低減させるために，循環水からごく微量のコバルトを，吸着材を使って除去してほしい」という依頼が M 社の M 氏からありました。

ppb（10 億分の 1）あるいは ppt（1 兆分の 1）の濃度で溶けているコバルトイオンを捕まえるなら，キレート形成基（以後，略して，キレート基）をもつ吸着材が適していると考えました。振り返れば，わたしは博士課程 2 年生の半年間，銅，ニッケル，コバルト，カドミウム，そして亜鉛イオンの濃度を測定するために，キレート滴定に明け暮れていました。キレート滴定法なら，指示薬と EDTA 溶液を買って，ビュレットがあれば正確に定量できました。研究費が少なくてすみました。

EDTA はエチレンジアミン四酢酸という長い名の物質で図 3-1 に示す化学構造をしています。ethylenediaminetetraacetic acid の頭文字をつなげて

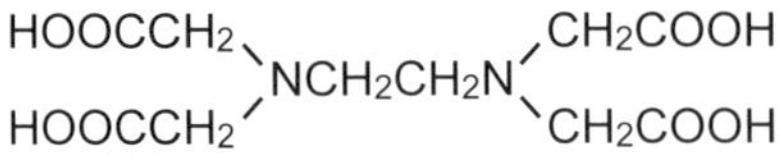

34　第3章　吸着材開発の戦略

```
HOOCCH2       CH2COOH
        NCH2CH2N
HOOCCH2       CH2COOH
```
図 3-1　EDTA

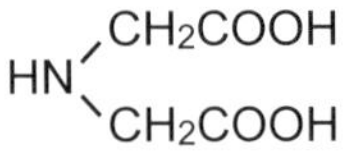

```
    CH2COOH
HN
    CH2COOH
```
図 3-2　IDA

EDTA と呼んでいます。四つのカルボキシ基（-COOH）がカニのハサミのように2価の金属イオンを挟み込みます。このとき，分子内の窒素Nの非共有電子対も参加協力します。なお，『キレート（chelate）』の語源は『カニのハサミ』です。

EDTA は，水道水中のアルカリ土類金属イオン（$Ca^{2+}$ や $Mg^{2+}$）を捕まえますから，せっけんの成分の一つになっています。EDTA のおかげで泡立ちがよくなります。せっけん箱の裏の成分表に EDTA を無理やりに読み下して「エデト酸」と表記されていることがあります。是非，成分表を見てください。

この EDTA を高分子鎖に固定し，ポリマー吸着材をつくりたいところですが，EDTA の分子サイズが大きいためポリマーに多く導入できません。そこで，EDTA のサイズを半分くらいにしたイミノ二酢酸（図 3-2）がこれまでポリマーに導入されてきました。例えば，三菱化学(株)から，ビーズ状（直径0.8 mm くらい）のイミノ二酢酸型キレート樹脂（ダイヤイオン™ CR-10）が売られています。

## ろ過膜をキレート多孔性膜へ変身させてコバルトを高速除去

大腸菌や鉄さびを通り抜けさせないポリエチレン製の中空糸状ろ過膜が世の中で活躍しています。家庭用浄水器，例えば，三菱レーヨン(株)（当時）から"クリンスイ®"という名の製品が売られて，カートリッジの中に多数のポリエチレン製中空糸膜が膜の内面と外面を仕切って充填されています（図 3-3）。中空糸というのは，その名のとおり，マカロニのように芯の部分が空いている糸です。ですから外径から内径を引いて2で割ると，膜の厚さが算出されます。膜には大腸菌や鉄さびのサイズよりも小さな孔が空いていて，ろ過機能を

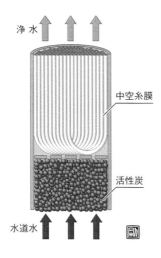

図 3-3 家庭用浄水器の構造

発揮します。水の味をわるくする菌やさびは孔に引っかかって膜面に積もります。ミネラル分（$Ca^{2+}$ や $Mg^{2+}$ といったさまざまなイオンのこと）は引っかからずに通り抜けます。こういう仕組みによって原水はおいしい水に変わります。

　わたしたちは，糸が適当に太くて（内径と外径が，それぞれ 2 mm と 3 mm）実験がしやすいという理由から，膜厚が大きい工業用のポリエチレン製中空糸状ろ過膜を採用しました。研究に使うならという理由で旭化成工業（株）（当時）から無償でいただきました。助かりました。

## キレート多孔性中空糸膜の作製と内部の孔構造

　GMA グラフト鎖（20 ページ参照）を取り付けた多孔性中空糸膜（グラフト率 200 %）に，イミノ二酢酸（$NH(CH_2COOH)_2$）を付加しました（図 3-4）。この付加反応での溶媒を GMA グラフト鎖が膨潤するように工夫して，GMA グラフト鎖中のエポキシ基の 65 %（モル転化率）をイミノ二酢酸（IDA）基に転化しました。このとき IDA 基密度は 1.5 mmol/g となり，市販のイミノ二酢酸型キレート樹脂の密度を越えたので喜びました。

　得られたイミノ二酢酸型キレート多孔性中空糸膜（以後，IDA 中空糸膜と

36　第3章　吸着材開発の戦略

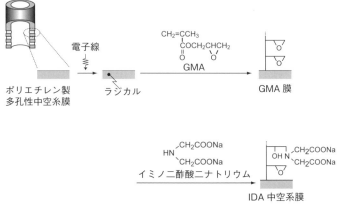

図 3-4　キレート多孔性中空糸膜（IDA 中空糸膜）の作製経路

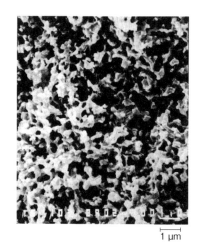

図 3-5　IDA 中空糸膜の膜厚方向の断面 SEM 写真

略記）の膜厚方向の断面の走査電子顕微鏡（SEM：scanning electron microscope）写真を図 3-5 に示します。内径 2 mm，外径 4 mm（よって膜厚 1 mm），空孔率 70 %ほどです。内部の孔はスポンジのように連結しています。見えませんが，孔の表面からグラフト鎖のうちのポリマーブラシ（第 2 章で定義しました）が孔中心に向かって伸びているはずです。その孔を液が通り抜けます。

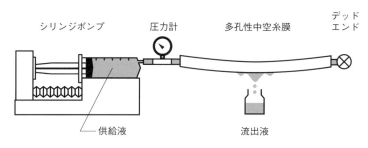

図 3-6　透過法の実験装置

## 滞留時間によらずに破過曲線が一致！

　いよいよ，コバルト (Co) 水溶液 ($CoCl_2$ 水溶液) を IDA 中空糸膜に透過させます。IDA 中空糸膜を 14 cm 程の長さに切って U 字状に張りました。中空糸膜の片端を閉じ，もう一方の端から液を膜の中空部に供給します (図 3-6)。液を透過させる駆動力は，例えば，シリンジポンプの圧力です。中空糸膜の内面から膜内部へ貫き抜ける液を供給液 (feed)，また，膜の孔内を通って，外面から外部へ貫き抜ける液を流出液 (effluent) と呼びます。流出液を小分けして連続的に採って液中の Co を定量しました。

　縦軸に流出液の Co 濃度，横軸に流出液の累積液量をプロットして，それを結んで破過曲線 (breakthrough curve, BTC) をつくりました。Co 水溶液の流量を変えて破過曲線を作成しました (図 3-7)。液の流量を 1 桁の範囲で大きくした，すなわち液の孔内での滞留時間を 1 桁ほどの範囲で短くしたのに，破過曲線が重なったのです。当初，わたしは学生と一緒になって「そんなはずはない！　どこかで間違えているのでは？」と悩みました。しかし，後になって考えてみると，当然の結果だったのです。

## 当たり前田の破過曲線

　膜透過での液の平均滞留時間 $t_r$ は次式で算出できます。

　　液の平均滞留時間 $t_r$ = (孔の体積) / (液の流量)　　　　　　(3-1)

ここに IDA 中空糸膜の値を代入すると，$t_r$ は 0.9〜3.5 秒となりました。一方，

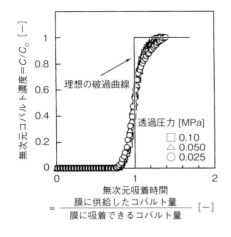

図 3-7 Co に対する IDA 中空糸膜の破過曲線

孔内の液中の Co イオンが，孔の中心からグラフト鎖の先端の IDA 基まで拡散によって到達するのにかかる時間 $t_d$ の目安は次式で計算できます。

$$\text{Co イオンの拡散時間の目安 } t_d = (孔の半径)^2 / (拡散係数) \quad (3\text{-}2)$$

ここに IDA 膜の孔の半径（0.1 μm 程度）と Co イオンの拡散係数（$10^{-5}$ cm$^2$/s）を代入すると，$t_d$ は $10^{-5}$ 秒となりました。したがって，$t_d$ が $t_r$ より圧倒的に小さいのです（$t_d \ll t_r$）。いい換えると，拡散にかかる時間を無視できるということです。

$t_r$ に対する $t_d$ の比は「化学工学」という学問の世界ではペクレ数（$Pe$）という無次元数として習います。

$$Pe = t_d / t_r \quad (3\text{-}3)$$

$Pe$ が 1 よりずっと小さいということは「拡散物質移動抵抗を無視できる」ことを示します。

孔内の液中から移動してグラフト鎖の先端のキレート基に捕捉された $Co^{2+}$ は，同じグラフト鎖の根元側のキレート基あるいは周囲のグラフト鎖のキレート基に拡散（これを『グラフト鎖相拡散』と呼びます）移動すると考えています。このとき拡散移動の駆動力は吸着量の勾配です。キレート基と $Co^{2+}$ との相互作用は強いものの移動距離が短いので，やはり，膜内での液の滞留時間 $t_r$ よりもずっと短い時間でグラフト鎖相内を拡散移動します。

## 理想的な吸着材のサイズ

　膜厚が 1 mm，孔径が 0.1 μm 程度，いい換えると，膜厚：孔径 = 10,000：1 という寸法比の多孔性膜状の吸着材を使うと，理想的な吸着操作を達成できます。膜厚方向に金属水溶液の対流を起こし，それと直交する方向に金属イオンの拡散移動を起こす材料をつくるとよいのです。

　ここで，マイクロ流路での物質移動をバーチャルで考えましょう（図 3-8）。板に長さ 10 cm，幅 10 μm のまっすぐなマイクロ流路（マイクロ流路の定義によると，幅は 0.1〜100 μm なので，この範囲に入っています）の両側の壁にキレート基をもつ高分子鎖（長さは 1 μm）を埋め込みます。そうしたマイクロ流路を多数，並列にして二次元マイクロ流路『群』の板をつくります。次に，その流路長を保ちつつ，流路を屈曲させて，板の長さを短くします。バーチャルなので変形は朝飯前です。さらに，このマイクロ流路の板を多数，積み重ねて三次元マイクロ流路『デバイス』にします。できあがったデバイスは，まさに，バーチャルなキレート多孔性中空糸膜の一歩手前の代物です。マイクロ流路を密集，接着させすぎたために，構造がかなり崩れて，流路同士が交差してスポンジの孔のようにつながったりもするでしょう。

　1 μm 程度の孔が，空孔率 70〜80 ％で空いている市販の精密ろ過膜を基材に採用して，放射線グラフト重合法を適用すると，マイクロ流路の板を組み上げる（ボトムアップ）ことなく，マイクロ流路『デバイス』と似た構造をつくり出すことができます。したがって，グラフト鎖を付与した中空糸膜は，マイクロ流路の物質移動特性である「negligible diffusional mass-transfer resistance，拡散物質移動抵抗が無視できる」を発揮するわけです。

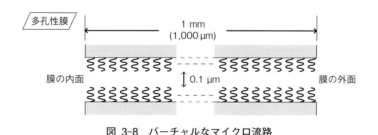

図 3-8　バーチャルなマイクロ流路

グラフト鎖にはキレート基だけでなく，イオン交換基，疎水性リガンド，そしてアフィニティリガンドを導入できます。というわけで，吸着操作向けマイクロ流路の不規則な高集積化しかも低コスト化を実現した材料がグラフト鎖付与多孔性中空糸膜と見なせます。DNA チップで代表されるマイクロ流路『デバイス』とは似ても似つかぬとのご批判はご容赦願います。

## 吸着量の直接測定

IDA 中空糸膜に金属水溶液を透過させながら金属イオンを吸着させると『理想的』な吸着が起きることが破過曲線の測定からわかりました。『理想的』とは，「液を高速で透過させると，その分，高速で液中の対象成分を吸着できる」ということです。もちろん，液を高速で透過させるには，高い圧力が必要になります。高分子製（ここでは，ポリエチレン製）の膜を破裂させるまでには圧力をかけることができません。透過圧力には上限があり，それまでなら理想の吸着を実現できます。

これほど重大な事柄を破過曲線の測定だけで証明したというのでは心許ないですから，膜に吸着した金属量の分布を直接測定する方法でも証明することにします。EPMA (electron probe microanalysis) という手法です。膜に吸着した金属に電子線が当たると，金属の種類に応じて X 線（特性 X 線と呼びます）が発生します。特性 X 線の強度が金属の量に比例することを利用して金属の吸着量を局所的に知ることができます。

破過曲線を測定する実験を繰り返します。ただし，所定の流出液の累積液量で実験を終了します。すぐに中空糸膜を取り外して，液を切って膜を乾燥させます。中空糸膜に吸着した $Co^{2+}$ が，取り外した後に移動しないようにするためです。その膜の膜厚方向の断面を切り出して，膜厚方向の Co の吸着量分布を EPMA によって測定しました。所定の流出液の累積液量で膜を切断するので，その膜はもはや使えません。次の所定の流出液の累積液量で，再び初めから同様の実験をします。そしてまた次の所定の流出液の累積液量で…。面倒な実験ですが，それだけの価値があるので担当学生の小西君は地道に進めました。

いよいよ，流出液の累積液量を変えて EPMA で測定した，膜厚方向の Co

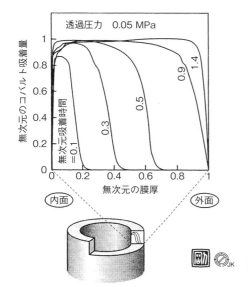

図 3-9 IDA 中空糸膜の膜厚方向の Co 吸着量分布の経時変化

の吸着量分布を図 3-9 に示します。この実験の破過曲線（膜の外面から流出した液中の Co の濃度の変化）は図 3-7 です。図の横軸の左端が膜内面，右側が膜外面です。Co 吸着量に対応する曲線の高さが一定になりつつ，流出液の累積液量の増加とともに曲線の前線が右へ，底線にほぼ垂直に進んでいくことがわかります。中空糸膜の内面から供給された Co 水溶液の $Co^{2+}$ 濃度と平衡の吸着量まで瞬間的に $Co^{2+}$ が膜に吸着し，液の供給を待って膜厚方向に瞬間吸着が移行して膜外面までつづいていく様子を表しています。液の供給が総括の吸着速度を支配しているともいえます。

ついでながら，最終的には，Co の吸着量分布が膜厚方向に一様になっていることが EPMA 測定からわかりました。したがって，Co を捕まえている IDA 基も一様，それを固定しているグラフト鎖も一様，さらに，それが生え始めたラジカルも膜厚方向に一様だったことがわかりました。EPMA は強力な武器でした。

## 二つの金属イオンの競合

　現象の解釈にのめり込んでしまいました。IDA 中空糸膜を適用する超純水中には $Co^{2+}$ の他にも複数の金属イオンが配管からわずかに溶け込むでしょう。そこで，単成分の除去だけではなく，2 成分の除去も検討しました。IDA 中空糸膜に，コバルトと銅の混合水溶液を透過させました。供給液中の濃度はそれぞれ 20 mg-Co, Cu/L にしました。

　破過曲線を図 3-10(a)に示します。破過曲線では，横軸の無次元流出液量（dimensionless effluent volume，DEV）が 1,200 から 3,700 までの範囲で Co が供給液濃度を超えて観測されました。一方，Cu は供給液濃度を超えることなく通常の破過曲線を描きました。溶液中でのイミノ二酢酸と $Cu^{2+}$ および $Co^{2+}$ との安定度定数（stability constant，定義は次式）はそれぞれ $10^{10.55}$ と $10^{6.95}$（0.1 mol/L 塩化カリウム水溶液中）です。

$$安定度定数 = [ML] / ([M][L]) \quad (3\text{-}4)$$

ここで，[M]と[L]は，それぞれ金属イオンとイミノ二酢酸の濃度を表します。IDA 中空系膜内には一定量の IDA 基しか存在しないので Cu と Co が液からグラフト鎖の IDA 基に十分に供給されてくると，IDA 基に対して高い吸着選択性をもつ $Cu^{2+}$ が，低い $Co^{2+}$ を追い出すという『置換吸着（displacement adsorption）』が観察されたわけです。

　膜内部での Cu と Co の吸着量分布を流出液の累積液量を変えて調べました（図 3-10(b)）。流出液の DEV が 410 のとき，より内面側に Cu がその右に Co が寄り添うように吸着しています。DEV が 1,060 になると，膜の内部で吸着量は左（Cu）右（Co）だいたい半分半分です。DEV が 2,120 になると，Cu が IDA 基に結合していた Co を追い出し，それに置き換わって IDA 基に結合します。このときに破過曲線では Co が供給液濃度を越えた濃度になります。さらに，この置換吸着が膜外面までつづきます。DEV が 3,180 では Co はほとんどすべて IDA 基から離されてもはや膜に吸着していません。ここから Cu が破過します。追い出されることのなくなった Co の濃度は供給液濃度まで下がってきます。

　超純水中に極微量に溶存する複数の金属イオンを確実に除去するときには，

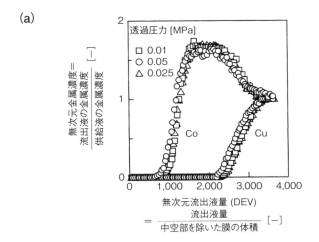

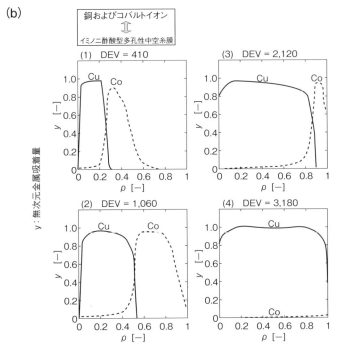

図 3-10　(a)　Co と Cu に対する IDA 中空糸膜の破過曲線
　　　　　(b)　膜厚方向の Co および Cu の吸着量分布
　　　　　　　($\rho=0$：内面，$\rho=1$：外面)

膜にいったん吸着したある金属イオンが，後になって他の金属イオンに押し出されて流出液の濃度が供給液のそれを超えることがあっては困ります。こういうときには，金属イオンを選り好みして捕まえるキレート基よりも，相対的に吸着選択性が低く，ある程度何でも金属イオンを捕まえるイオン交換基の方が適しています。例えば，スルホン酸基（$-SO_3H$）でよいのです。スルホン酸型カチオン交換多孔性中空糸膜も GMA グラフト多孔性中空糸膜から容易につくれます。吸着の仕組みは同じですから高速捕捉も達成できます。

## 2番手になってがっかり

1988年に，Brandt の研究グループが，中空糸状あるいは平膜状の多孔性膜にリガンドを固定してタンパク質を精製する手法を提案し『Membrane Chromatography』と名付けました。*Bio/Technology* 誌（後に，*Nature Biotechnology* 誌）の6巻，pp.779-782（1988）に「Membrane-Based Affinity Technology for Commercial Scale Purification」という題目で発表しました。拡散物質移動抵抗を無視でき『理想的』な吸着を達成できることを示しました。

わたしたちは，同じ頃，超純水から金属イオンを除去することを目指して，ポリエチレン製中空糸状精密ろ過膜を基材に採用し，放射線グラフト重合法を適用してキレート多孔性中空糸膜を作製していました。Brandt らの論文を知って読み終わったとき，吸着分離の原理が同じなので「ああ，先を越された」とがっかりしました。しかし，基材の材質や作製方法が異なっているので，「わたしたちもいい線，行っている」と思い直し，少し元気を取り戻しました。Brandt の作製法は放射線グラフト重合法ではないようでした。

## 分離材料や装置の理想

Brandt らのアイデアは，従来の吸着装置であるビーズ充填カラムの理想形を突き詰めた結果でした（図 3-11）。機能性ビーズの作製そしてそれを充填したカラムの利用が従来の吸着技術の基本線でした。その充填カラムに対抗するのではなく，高速吸着を目指して進化形を考案したのです。ビーズ内部へのタンパク質の拡散物質移動抵抗が無視できるまでにビーズ径を小さくし，それによる流動抵抗の増大を防ぐためにカラム高さを低くしました。すると，面積を

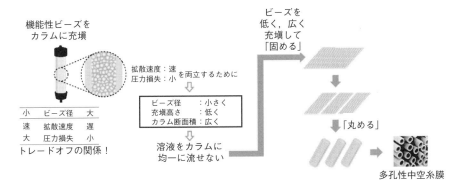

図 3-11 『Membrane Chromatography』のアイデア

大きくとってビーズを敷き詰めた形状になります。その形状では吸着装置にならないので，その面から細い短冊に切り出し，丸めて多くの中空糸膜をつくり，束にまとめます。そうしてできあがった小さなビーズとビーズ間の隙間からなる『雷おこし状の中空糸』の内面から外面へ（逆でもよい）液を透過させると高速吸着を達成できるというアイデアです。Brandt らはタンパク質のアフィニティ精製で分離材料の性能を実証しました。

### ワインドフィルター登場

わたしたちはさまざまな相互作用に基づく吸着を可能にするために，放射線グラフト重合法とそれにつづく化学反応によって，キレート基だけでなく，カチオン交換基，アニオン交換基，疎水性リガンド，偽アフィニティリガンド，そしてアフィニティリガンドを，精密ろ過用多孔性中空糸膜に固定しました。20 年間にわたって，研究を進めていくうちに，中空糸膜の欠点が見えてきました。それは，大量製造に苦労すること，モジュールづくりにコストがかかること，そして液の「透過流束」が低下しやすいことです。高速吸着の代償かもしれません。ここで，「透過流束」というのは液体の流量をその液体が透過する面の面積で割った値のことです。

妥協案があります。繊維にグラフト鎖を付与して所望の官能基を導入します。その繊維を規則正しいパターンでプラスチック製芯に巻いてワインドフィルターをつくります（図 3-12）。できあがったワインドフィルターは『中空糸

図 3-12　ワインドフィルター

膜のお化け』です。このワインドフィルターを規格化されているサイズにすれば，市販のハウジング（容器）に装填して吸着装置になります。また，ワインドフィルターの本数を増やすことによってスケールアップが可能です。巻きのパターン次第で，懸濁物や汚れに強く，液の流動抵抗を調節可能な吸着層をつくれます。その代わり，拡散物質移動抵抗を無視できるほどにはなりません。

**理想形を求めるべからず**

　繰返しになりますが，放射線グラフト重合法を使うと，市販の精密ろ過膜を，多孔性中空糸膜状吸着材に変身させることができます。そして，得られる材料はマイクロ流路を複雑集積化した代物でもあり，マイクロ流路の利点を備えています。また，グラフト鎖は片端が固定端，もう一方の端が自由端であることから，官能基を導入できるだけでなく，タンパク質（酵素），抽出試薬，無機化合物の沈殿を固定あるいは担持できます。吸着材を抽出分離や触媒反応へ拡張して適用できるようになりました。

　しかし，理想形の「多孔性中空糸膜状吸着材」にも欠点があります。まず，もともと基材は精密ろ過膜でしたから液中に懸濁物があると孔（流路）が詰まり透過流束が低下すること，次に，中空糸膜の中空部（lumen 部）と外面部（shell 部）を隔てるためのモジュール化に手間がかかること，さらに，透過させる液の性質（pH や塩濃度）によって吸着材が膨潤したり収縮したりすることです。膜が高分子製ですから仕方がありません。一難去ってまた一難なので

理想形を求めるべからず　　47

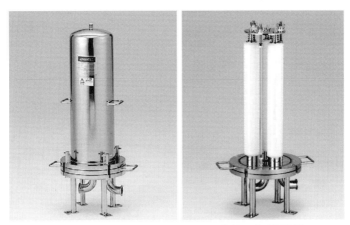

図 3-13　ワインドフィルター用のハウジング（市販品）

す。

　そこで，その中空糸膜を巨大化した代物『ワインドフィルター型吸着材』を提案します。放射線グラフト重合法によって機能化した繊維をプラスチック製の芯材に巻いてつくります。規則正しく，さまざまなパターンで巻くことができます。仕上がったワインドフィルター（内径，外径そして長さは，それぞれ3,　7,　そして 25 cm）は既存のハウジング（図 3-13）に装着できます。フィルターの本数を増やすのも容易です。ただし，繊維も高分子製ですから，膨潤と収縮があるのでグラフト率の調節が必要です。中空糸膜の欠点をかなり解消できる代わりに拡散物質移動抵抗は無視できなくなります。何事もよいことばかりではありません。

　繊維はボビンという集合体で製造していくので，染色装置（図 3-14）を改良した反応器でグラフト重合やそれにつづく化学反応を実施できます。そして得られた機能化されたボビンからワインドフィルターをつくっていきます。

　第Ⅱ部の応用編では，中空糸膜，繊維，フィルムといった基材を出発材料にした吸着材が登場します。さまざまな形状になったのは上記の戦略に沿って初めから作製されていたのではなく，35 年間の間に，企業や他大学からの問い合わせに，そのときどきにドタバタと対応してきたからです。

48　第3章　吸着材開発の戦略

(a) ナイロン繊維ボビン　　　反応装置　　　(b) セシウム吸着繊維ボビン

図 3-14　ボビン用のグラフト重合装置

## 発表論文

1) S. Tsuneda, K. Saito, S. Furusaki, T. Sugo, and J. Okamoto, Metal collection using chelating hollow-fiber membrane, *J. Membr. Sci.*, **58**, 221-234 (1991).
2) H. Yamagishi, K. Saito, S. Furusaki, T. Sugo, and I. Ishigaki, Introduction of a high-density chelating group into a porous membrane without lowering the flux, *Ind. Eng. Chem. Res.*, **30**, 2234-2237 (1991).
3) S. Konishi, K. Saito, S. Furusaki, and T. Sugo, Sorption kinetics of cobalt in chelating porous membrane, *Ind. Eng. Chem. Res.*, **31**, 2722-2727 (1992).
4) S. Konishi, K. Saito, S. Furusaki, and T. Sugo, Binary metal-ion sorption during permeation through chelating porous membrane, *J. Membr. Sci.*, **111**, 1-6 (1996).

# 応 用 編

第 4 章

# 除去の巻

　除去しないと危ないという事態は深刻です。そうなると，「除去」の優先順位が高くなります。規制値未満まで除去することが第一で，そのための費用は二の次です。二の次とはいっても，規制値が一度クリアされたとたんに，そこからは除去性能の向上とコスト低減の仕事が始まります。

　ライバルとの競争は激しいのですが，吸着速度や吸着容量といった評価基準だけではなく，吸着材の形による利用形態の違い，吸着と溶離の繰返しでの耐久性，そして最終処分法までが考慮されることもあります。そのうちに「この吸着材でしか除去できません」といってみたいものです。

## 4.1　茶葉抽出液からのカテキンやカフェインの除去

**カフェインがだめならカテキン採ります**

　「化工研究手法」という名の講義を早稲田大学の大学院で，非常勤講師として担当し，20 年ほど前から毎年 10 名ほどの学生を教えてきました。この講義を受け，その後，修士課程を修了して K 社に入った S さんから技術相談が来ました。「吸着材を使って，緑茶の抽出液からカフェインを除去できませんか？」わたしは，カフェインという物質名は知っていても，その化学構造（図 4-1）は知らなかったので，苦し紛れに「いろいろな種類の吸着材をつくってきたので，まずはそれを試してくれますか？」と答えました。

　S さんは，早速，千葉までやって来て，緑茶抽出液からのカフェインの除去について説明をしてくれました。吸着材としてイオン交換繊維，キレート繊維などを，カフェイン水溶液に一定量（ここでは液の重量に対して 1 ％に当たる

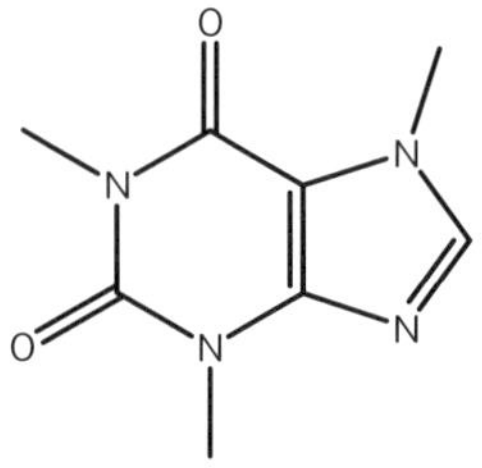

図 4-1 カフェイン

繊維の重量分）投入して，液中のカフェインが減るかどうかを調べました。結果は，残念なことに，期待したほど減らなかったり，減ったとしてもpHが大きく変化したりして，カフェイン除去に採用できそうな吸着材は見つかりませんでした。

Sさんとの再度の打ち合わせのなかで，「カテキンならPVPPという高分子製微粉末を吸着材に使って，緑茶抽出液から除去しています」という話が出ました。わたしはPVPPという名の高分子を知らなかったので，Sさんに略語の詳細を尋ねました。「架橋型のポリ$N$-ビニルピロリドンだったと思います」というSさんの答えを聞いて「えっ，それってヨウ素除去用の吸着材と同じポリマーです」とわたしは興奮して発言しました。「それ，わたしたちが得意とする放射線グラフト重合法でつくれます」。こうして『緑茶抽出液からのカテキンの除去』の研究が始まったのです。

ペットボトルの緑茶の苦味が，いつ買っても同じでないと，お客さんから信頼されません。ですから，ペットボトルの緑茶を製造するメーカーは，苦味を決める緑茶抽出液中のカテキンの濃度を調整しています。緑茶抽出液中のカテキンだけを除去し，他の成分を捕捉しない吸着材がベストです。

## 使い捨てないで繰り返し使える吸着繊維

$N$-ビニルピロリドン（NVP）というビニルモノマー（単量体）を重合してつくったポリマー（高分子）は安全性が高く，食品製造での添加剤として世界中で認可，利用されています。このポリマーは図4-2に示すように，カテキンを水素結合によって吸着します。吸着したカテキンを吸着材から液へ溶離させるにはアルカリ液，例えば0.1 mol/L 水酸化ナトリウムを使います。ただ

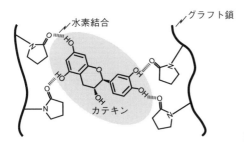

図 4-2　カテキンと NVP との水素結合

し，このアルカリによってカテキンは分解します．ここでは，カテキンを回収して利用するわけではないので，溶離のときにカテキンが分解してもかまいません．

　NVP がつながってできた高分子の鎖は，親水性（水とよくなじむ）ですから，水中では高分子鎖はよく広がって「溶けている」形です．この形でカテキンを吸着できても，その後，NVP の高分子鎖を液から分けることが面倒です．そこで，NVP の高分子鎖を架橋して水に溶けないように（『不溶化』と呼びます）しているのです．架橋すると高分子鎖の広がりが制限されて液に溶けなくなります．そのときには，固体のポリマーなので液から容易に回収できるようになります．試薬会社から PVPP を購入して手に取ると，粒径 75 μm の白い微粉末でした．髪の毛の平均太さが 80 μm ですから，細かい粉に分類されます．

### 使い捨てない吸着繊維の提案

　緑茶飲料の製造プロセスの一例を図 4-3 に示します．緑茶抽出液に PVPP 粉末を投入し，カテキンを捕まえて減らします．その後，カテキンを吸着した PVPP 粉末をろ過操作によって液から除きます．この微粉末をアルカリ水溶液に投入し，微粉末からカテキンを溶出させ，微粉末を水でよく洗って再び使うという PVPP 粉末の繰返し使用をしたいところです．しかし，なにせ微粉末なのでろ過作業に時間がかかるため，現状では PVPP 粉末は使い捨てにされています．

　新品の PVPP 粉末も，装置への投入時に微粉末が舞い上がったり，装置の

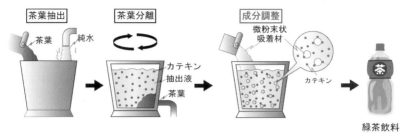

図 4-3　緑茶飲料の製造プロセス

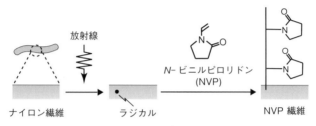

図 4-4　NVP 繊維の作製経路

壁に付着したりして作業者が困っています。「使い捨てる」「舞い上がる」「付着する」といった欠点を一挙に解決できる吸着材が，ナイロン繊維にNVPをグラフト重合した繊維（NVP繊維と名づけます）です。

## 純品に吸着容量では敵わない

　早速，NVP繊維をつくりました（図4-4）。電子線やガンマ線を照射してナイロン繊維にラジカルをつくり，そのラジカルを開始点にして，NVPの二重結合を開いてつないで高分子の鎖をつくって完成です。現在，使用しているPVPP粉末のカテキン吸着性能を超えないと代替材料になりません。

　次式で定義されるNVPのグラフト率を，得られる繊維の強度を考慮して78％としました。

グラフト率［％］＝100（NVPグラフト鎖の重量）／（ナイロン繊維の重量）

(4-1)

NVPの分子量は111なので，NVP繊維のNVP密度を次式から3.9 mmol/gと算出できます。

NVP 繊維の NVP 密度 ［mmol/g］ =

　　　［1,000（NVP グラフト鎖の重量）/111］/（NVP 繊維の重量）(4-2)

　一方，PVPP 粉末は NVP 重合体を架橋した材料ですから，PVPP 粉末の NVP 密度は次式から 9.0 mmol/g と算出できます。

PVPP 粉末の NVP 密度 ［mmol/g］ =

　　　［1,000（PVPP 粉末の重量）/111］/（PVPP 粉末の重量）　(4-3)

ナイロン繊維に NVP グラフト鎖を取り付けているのですから，ナイロン繊維の分，NVP 密度が低くなるのは当然です。わたしたちは，NVP 密度を少し我慢して，繰返し利用のできる繊維状吸着材をつくっているわけです。

　緑茶抽出液中のカテキンに対する，PVPP 粉末と NVP 繊維の吸着等温線を図 4-5 に示します。PVPP 粉末の方が NVP 繊維の上をいきました。NVP 密度の差が反映されました。それぞれの曲線を Langmuir 型の吸着等温線にフィティングさせました。

$$q = q_m KC/(1+KC) \qquad (4\text{-}4)$$

ここで，$q$ と $C$ は，それぞれ吸着材のカテキン吸着量と液中のカテキン濃度です。$q_m$ と $K$ は，それぞれ飽和吸着容量と吸着平衡定数です。

　吸着平衡定数 $K$ はほぼ一致しました。$q_m$ は NVP 密度に比例しました。$K$ はカテキンを捕捉する化学構造との相互作用の強さを表す値なので，ここは一致しました。

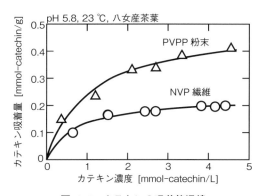

図 4-5　カテキンの吸着等温線

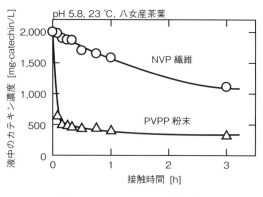

図 4-6　カテキンの吸着速度

## 繰り返して使用できます。どうでしょう？

　液量に対する吸着材の重量比をそろえて，緑茶抽出液に吸着材を投入し，液中のカテキン濃度の減り方を調べました（図 4-6）。ここでも，PVPP 粉末が NVP 繊維に優りました。粉末のサイズが小さいため拡散物質移動距離は短く，接触する表面積が大きく，さらには吸着等温線も有利なので，PVPP 粉末が NVP 繊維よりも速くカテキンを除去できるのは当然です。

　これまでのところ NVP 繊維は形勢不利です。振り返ると，この研究の動機は，PVPP 粉末を使っていると，ろ過に時間がかかって溶離による再生ができないので使い捨てていること，そして作業者にとっては，粉末が壁に付着したり飛散したりすることに困っていたからでした。NVP 繊維はこれらの問題を一挙に解決できます。しかも，繊維を巻いてワインドフィルターをつくると実用に便利です。

　気を取り直して，使い捨てにしている粉末に代わって，NVP 繊維は繰り返して利用できることを証明します。0.1 mol/L NaOH を使って，NVP 繊維に吸着したカテキンを「すべて」（正確にいうと「定量的に」）溶離できました。水で洗って，再び緑茶抽出液からのカテキンの吸着に使えます。各回でのカテキン吸着量は減りませんでした（図 4-7）。これで挽回できたと思いきや，使い捨てはしないものの，再生にはアルカリ液と水が必要になります。粉末の使い

4.1 茶葉抽出液からのカテキンやカフェインの除去　　57

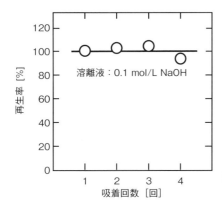

図 4-7　NVP 繊維を使ったカテキンの吸着と溶離の繰返し

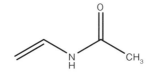

N-ビニルアセトアミド（NVAA）

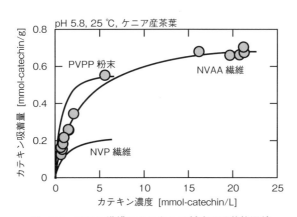

図 4-8　NVAA 繊維のカテキンに対する吸着等温線

捨てと繊維の再生コストの勝負です．現時点では，残念ながら，NVP 繊維は実用になっていません．

　このテーマを担当した松浦君は，執念を燃やして，アミド基をもつビニルモノマーを探し出しました．N-ビニルアセトアミド（図 4-8）です．しかし，

このビニルモノマーは値段が高いのが玉にキズ。飲料の製造に貢献できる吸着材は安全であり，しかも経済性が高くないと生き残れません。

### 発表論文

1) 川村竜之介，後藤聖太，松浦佑樹，河合（野間）繁子，梅野太輔，斎藤恭一，藤原邦夫，須郷高信，矢島由莉佳，木下亜希子，工藤あずさ，日置淳平，若林英行，$N$-ビニルピロリドン（NVP）グラフト重合繊維を用いた緑茶抽出液中のカテキンの吸着および水酸化ナトリウム水溶液を用いたカテキンの溶出，化学工学論文集，**44**，89-102（2018）.
2) 松浦佑樹，川村竜之介，河合（野間）繁子，梅野太輔，斎藤恭一，藤原邦夫，須郷高信，矢島由莉佳，日置淳平，若林英行，$N$-ビニルアセトアミドグラフト重合繊維による緑茶抽出液中からのカテキンの吸着，*RADIOISOTOPES*，**67**，551-557（2018）.
3) 山上和馬，松浦佑樹，河合（野間）繁子，梅野太輔，斎藤恭一，藤原邦夫，須郷高信，矢島由莉佳，日置淳平，塩野貴史，若林英行，タンニン酸固定繊維を用いたカフェインの溶離，化学工学論文集，**44**，298-302（2018）.

## 4.2 猫尿からのコーキシンの除去

### 現状だと猫は皆，腎臓病と判定されます

　岩手大学の山下哲郎先生から「お会いしたい」という連絡があり，千葉大学まで来てくださいました。「猫のオシッコからコーキシン（cauxin）という名のタンパク質を除去できる吸着材をつくってほしい」という要請でした。山下先生は農学部応用生物化学科の所属でいらして，猫尿による腎臓病の診断の問題点を解決する研究テーマに N 社と共同で取り組んでいました。

　わたしたちヒトの場合，健康診断の会場で紙コップをもらって採尿し，短冊状の試験紙の先端を尿に浸してタンパク質が検出されたら再検査をいい渡されます。腎臓の機能低下が疑われるからです。健康診断の日まで徹夜の仕事がつづいていたりすると，この尿検査に引っかかることがあります。

　「ネコの尿を検査すると，全匹，タンパク質が検出されるので，腎臓病を正しく判定できないんです」と山下先生から説明がありました。それはネコの場合，腎臓でつくられる『コーキシン』というタンパク質が尿に分泌されるからです。『コーキシン（cauxin）』は，山下先生の研究室で発見し，<u>c</u>arboxyl-<u>e</u>sterase-like <u>u</u>rinary e<u>x</u>creted prote<u>in</u> から命名したというのです。ネコは『好奇心』が強い動物ということを考慮して名付けたそうで，cauxin はその世

界ですでに承認されています。

　わたしはコーキシンの発見と命名にすっかり感心していました。しかし，感心している場合ではありません。わたしの使命は，ネコ尿からコーキシンだけを除去することなのでした。腎臓病のシグナルとなるタンパク質は吸着除去してはいけないわけです。ネコの尿検査では，コーキシンではないタンパク質が検出されたら陽性となります。

### わたしの猫，ウィンちゃん

　わたしは元来，ネコ好きです。22年前に千葉大学の工学部1号棟1階の玄関脇で出会ったネコにエサをあげていました。そのネコは賢く，階段を上がってきてわたしの居室（工学部1号棟2階）にまでエサをねだりに来るほどでした。ある日，そのネコは訪ねるべき部屋を間違えて，わたしの隣のH教授の居室に入って窓辺の陽だまりで寝ていました。H教授はそれを知らずに入ってきて，ネコに声をかけられ腰を抜かすほどびっくりしたそうです。「サイトー，ネコを何とかしなさい」という貼紙がわたしの居室のドアに貼ってありました。それを見て学生のN君が千葉大学の近くのホームセンターでネコ運搬用の硬いプラスチック製のカゴを買ってきてくれました。わたしはそのカゴにネコを入れ，電車に乗って自宅に持ち帰りました。

　そのネコを持ち帰った日がちょうど10月30日，ハロウィンの日だったので"ウィン"と命名しました。それから家族の一員いや中心として暮らしてくれました。ウィンは2017年6月20日早朝に亡くなりました。庭に眠っています。悲しくてやりきれません。

### アフィニティ吸着材の作製

　コーキシンを除去するのがわたしの使命です。これは相当に困難な課題だと思いました。うれしいことに，山下先生は解決策をもってきてくれていました。「トリフルオロケトン（TFK：trifluoroketone），図4-9」というコーキシンの阻害剤を見つけたので，それを高分子鎖に固定した吸着材をつくればうまくいきます」というのです。

　一般に，タンパク質は多種多様のアミノ酸から水がとれて縮合してできた天

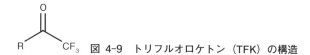

図 4-9　トリフルオロケトン（TFK）の構造

然高分子です。分子量は 1 万以上であり，それぞれが決まった形（コンホメーション）をつくっています。その形のなかに穴のあいた領域（活性部位）があって，ここにピタリとはまる物質も見つかっています。ちょうど鍵穴と鍵との関係です。こうした 1：1 の関係はアフィニティ（affinity）を示す関係と呼ばれています。

　アフィニティは，イオン交換やキレート形成といった他の相互作用に比べて，非常に選択的（これを『特異的（specific）』と呼びます）な作用です。ですから，いったん結合するとなかなか解除できません。いい換えると，コーキシンの阻害剤を取り付けた吸着材にアフィニティ相互作用によって吸着したコーキシンは溶離されにくいということです。しかし，このネコ尿からのコーキシンの除去ではネコさん 1 匹の腎臓検査用なので使い捨てです。コーキシンを溶離させずにすみます。安心しました。

## コーキシンのバンドが消えた

　山下先生に教えていただいたコーキシンの阻害剤であるトリフルオロケトンを，多孔性中空糸膜に付与した GMA グラフト鎖（20 ページ参照）に固定しました（図 4-10）。このとき，エポキシ基と容易に反応するように，TFK 構造とチオール基（-SH）の両方をもつ化合物を使いました。得られた TFK 固定多孔性中空糸膜の TFK 密度は 2 mmol/g であり，吸着材として十分な量です。

　モデル液としてコーキシン水溶液を膜の内面から供給して，膜の孔内を透過させ，外面から流出する液を小分けして連続して採りました。小分けした分をフラクション（fraction）と呼び，1 から順に番号（フラクション No., 略して FN）をつけます。小分けの液量は任意です。各フラクションのタンパク質をゲル電気泳動法（SDS-PAGE）で解析すると，初めのうち，流出液にコーキシンのバンドがありませんでした。これで満足してはいけません。さらに，

4.2 猫尿からのコーキシンの除去　61

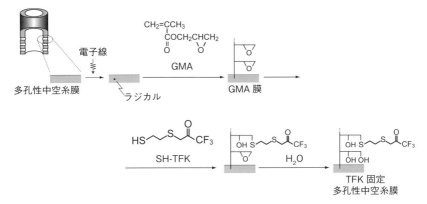

図 4-10　コーキシン除去用のアフィニティ吸着材の作製経路

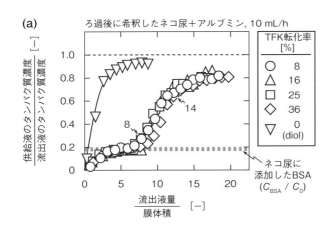

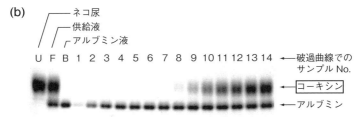

図 4-11　(a)　TFK固定多孔性中空糸膜の破過曲線
　　　　(b)　ゲル電気泳動によるタンパク質解析

コーキシンではないタンパク質を吸着しないことを証明する必要があります。ネコさんの尿にコーキシンではないタンパク質が検出されると腎臓病の陽性と診断できるのです。

　TFK 固定多孔性中空糸膜に，アルブミンを添加したネコ尿を透過させました。小分けして採取した流出液の破過曲線を，SDS-PAGE と一緒に図 4-11 に示します。膜内面からの供給液（アルブミン添加ネコ尿）にはさまざまなバンドがあります。しかし，FN が 2〜7 ではコーキシンに対応するバンドが消えています。FN＝8 くらいからはコーキシンのバンドがうっすらと見えてきました。一方，アルブミンは供給液と同じ濃さで，FN にかかわらずにバンドがあります。これでよいのです。

## 国際特許の取得

　こうしてコーキシン除去材料ができました。さて，ネコ尿をどう採るのでしょう。ネコさんの前に紙コップを置いても，鼻先をツンツン擦りつけてくるだけでしょう。動物病院で獣医さんが診察台の上で，ネコを背後から押さえて，膀胱を押して排尿させるのだそうです。ネコにとっては，頼んでもないのに，膀胱いや暴行に近い仕打ちを受け，ストレスです。その尿の 2, 3 滴をコーキシン除去キットにたらした後に，従来のタンパク質検出キットにたらせば腎臓病の診断ができます。

　わたしたちは山下先生と N 社に，この先はすべてお任せしました。N 社はこの材料について国内だけでなく海外へも特許申請し，権利化しました。わたしのウィンちゃんは検査を受ける前に亡くなりました。乳がんだったので仕方がありません。

## 発表論文

1) S. Matsuno, D. Umeno, M. Miyazaki, Y. Suzuta, K. Saito, and T. Yamashita, Immobilization of an esterase inhibitor on a porous hollow-fiber membrane by radiation-induced graft polymerization for developing a diagnostic tool for feline kidney diseases, *Biosci. Biotechnol. Biochem.*, **77**, 2061-2064（2013）.

## 4.3 汚染水からのセシウムの除去

### こういうときに何もしないんですか？

2011年3月11日の午後2時46分，宮城県牡鹿（おしか）半島沖130 km付近を震源とする大地震が起きました．それに伴う津波に襲われた東京電力福島第一原子力発電所（通称，1F（いちえふ））は津波による浸水によって電源を喪失しました．原子炉に冷却水を供給できなくなって1Fの6基の原子炉のうち，稼働していた1〜3号機の核燃料棒集合体が溶融（メルトダウン）しました．その後，1，3および4号機は水素爆発を起こし，壊れた原子炉建屋（図4-12）からさまざまな放射性物質が外部へ漏れ出ました．

初めのうちは放射性ヨウ素（$^{131}$I），その後，放射性のセシウム（$^{137}$Cs）とストロンチウム（おもに$^{90}$Sr）が問題になりました．これらの核種の半減期は，それぞれ8日，30年そして29年です．残念ながら，半減期2回分で，放射能がゼロになるわけではありません．半減期ごとに1/2，$(1/2)^2$，$(1/2)^3$，…と，初期の放射能から減衰していきます．日本人の平均寿命（2016年の統計によると女性87歳，男性81歳）程で，放射性セシウムの放射能は初期に比べて$(1/2)^3 = 1/8$になります．

人類史上例のない，3基の原子炉のメルトダウン事故の後，「日本はこれから，どうなるんだろう？」と日本だけでなく世界も騒然としていました．わた

図 4-12 東京電力福島第一原子力発電所

しも千葉大学の研究室でウロウロ歩いて不安一杯で過ごしていました。そんなとき，研究室でわたしと同室にいた社会人で博士課程に2011年4月から入学予定の藤原邦夫さん（環境浄化研究所(株)の研究開発部長）から「こういうときに何もしないんですか？　セシウムの吸着材をつくりましょう！」と叱咤激励されました。研究室の学生も皆，何か役に立ちたいという顔をしていました。

## これでつくれる吸着繊維

「たいていのことは，すでに研究されている」という恩師の一人であるN先生からわたしが若い頃に教わった言葉を思い出しました。翌日の朝から東急線大岡山駅から歩いてすぐの東京工業大学の図書館にこもり，日本原子力学会が発行している和文誌と英文誌の毎年の目次索引を辿って，放射性セシウムの除去の論文を探していきました。

幸運なことに，1965年の日本原子力学会の英文誌『*Journal of Nuclear Science and Technology*』に掲載された「Separation of radiocesium by copper ferrocyanide-anion exchange resin」という題目の渡利一夫氏（当時，放射線医学研究所）の報告（K. Watari & M. Izawa, *J. Nucl. Sci. Technol.*, **2**, 321-322（1965））（図 4-13）を見つけました。それは，市販のビーズ状アニオン交換樹脂に不溶性フェロシアン化銅（ヘキサシアノ鉄(Ⅱ)酸銅）を担持し

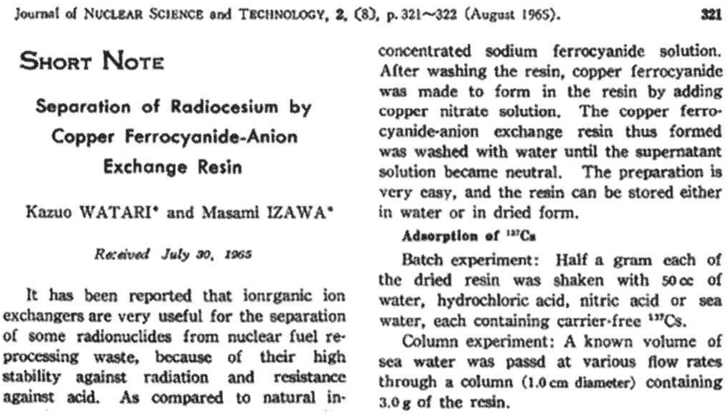
Journal of NUCLEAR SCIENCE and TECHNOLOGY, 2, (8), p. 321~322 (August 1965).　　321

SHORT NOTE

Separation of Radiocesium by Copper Ferrocyanide-Anion Exchange Resin

Kazuo WATARI* and Masami IZAWA*

*Received July 30, 1965*

It has been reported that ionrganic ion exchangers are very useful for the separation of some radionuclides from nuclear fuel reprocessing waste, because of their high stability against radiation and resistance against acid. As compared to natural in-

concentrated sodium ferrocyanide solution. After washing the resin, copper ferrocyanide was made to form in the resin by adding copper nitrate solution. The copper ferrocyanide-anion exchange resin thus formed was washed with water until the supernatant solution became neutral. The preparation is very easy, and the resin can be stored either in water or in dried form.

**Adsorption of $^{137}$Cs**

Batch experiment: Half a gram each of the dried resin was shaken with 50 cc of water, hydrochloric acid, nitric acid or sea water, each containing carrier-free $^{137}$Cs.

Column experiment: A known volume of sea water was passd at various flow rates through a column (1.0 cm diameter) containing 3.0 g of the resin.

図 4-13　渡利一夫氏の論文

て吸着材をつくり，セシウムを吸着除去するという内容でした。「よし，これでつくれる！」と確信しました。これまでわたしたちの研究グループは，アニオン交換繊維を作製してきているので，この文献の作製法に倣って不溶性フェロシアン化金属をアニオン交換繊維に担持すれば放射性セシウム除去用吸着繊維を作製できるはずだと思ったのです。「明日から，研究室の全員で吸着繊維をつくるぞ！」と静かな図書館で叫びたくなりました。

### 不溶性フェロシアン化コバルト担持繊維は深緑色

フェロシアン化カリウム（ヘキサシアノ鉄(II)酸カリウム $K_4[Fe(CN)_6]$）水溶液と塩化コバルト（$CoCl_2$）水溶液を別々につくっておいて，二つの液を混ぜるとたちまち深緑色の微小粒の沈殿が液中に生成します。その沈殿を掌で掬うと指の間をすり抜けて，掌には何にも残りません。この沈殿をセシウム除去用になんとか使えるようにしないと…。アニオン交換繊維に不溶性フェロシアン化コバルトを析出担持させることにしました。

不溶性フェロシアン化コバルト担持繊維の作製経路を図 4-14 に示します。まず，市販のナイロン繊維に電子線を照射してラジカルをつくりました。次に，アニオン交換基を有するビニルモノマー（ビニルベンジルトリメチルアンモニウムクロリド，VBTAC）を接ぎ木重合しました。さらに，得られたアニオン交換繊維を $K_4[Fe(CN)_6]$ 水溶液に投入して，フェロシアン化物イオン（$[Fe(CN)_6]^{4-}$）をアニオン交換によって吸着固定させました。このとき，繊維の色は少し黄色っぽくなります。そして，この繊維を水洗後，$CoCl_2$ 水溶液に投入すると，繊維の色がすぐに緑になり，30 分も経つとその緑が濃くなっ

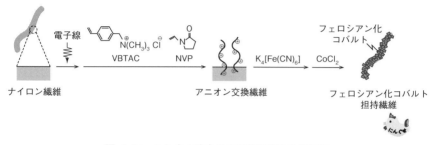

図 4-14　セシウム除去用の吸着繊維の作製経路

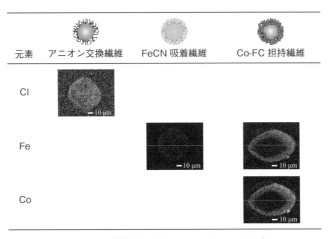

図 4-15　繊維半径方向でのFeとCoの分布

たのです。繊維の断面を電子顕微鏡で観察すると図4-15に示すように，不溶性フェロシアン化コバルトが繊維の周縁部に析出していることがわかりました。

「セシウム除去用不溶性フェロシアン化コバルト担持繊維」という名称はなにしろ長いので，皆で相談して『吸着繊維ガガ』としました。レディー・ガガさんは，東日本震災直後でも来日を取り止めずに成田空港に降り立ちました。成田空港で会見したレディー・ガガさんの髪の毛の色が緑でした。また，復興のために2億4千万円を寄付されました。わたしたちはレディー・ガガさんへの敬意を込めて，作製した深緑色の繊維を『吸着繊維ガガ』と名付けたのです。

$$[Fe(CN)_6]^{4-} + Co^{2+} + 2\,K^+ = K_2Co[Fe(CN)_6] \qquad (4\text{-}5)$$

この沈殿反応から生じる難溶性塩の結晶は「ジャングルジム」の形をしていて（図4-16），Fe，CoそしてCNのつくるジャングルジムの枠の内部に$K^+$が取り込まれています。外部液中に$Cs^+$があると，$K^+$と入れ替わって$Cs^+$が内部へ入ります。イオン交換が起きるわけです。

グラフト鎖相内で難溶性塩が析出するのですから，難溶性塩はグラフト鎖から外れてグラフト鎖から欠落してもおかしくないのですが，そうはなりませんでした。欠落しない理由は3年後にわかりました。

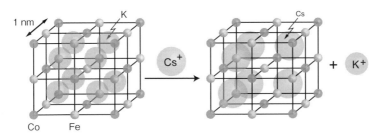

図 4-16 不溶性フェロシアン化コバルト結晶のイオン交換

## そうか！　グラフト鎖が微結晶に絡みついているんだ

　不溶性フェロシアン化コバルトの担持率を高めて Cs 除去能を上げようと，再担持を試みました。このとき，ナイロン繊維にグリシジルメタクリレート（GMA）（20 ページ参照）をグラフト重合させ，トリエチレンジアミン（TEDA）との反応によってアニオン交換繊維を作製しました。1 回目の担持で，アニオン交換繊維へのフェロシアン化物イオン $[Fe(CN)_6]^{4-}$ の吸着固定量を変えて，コバルトイオン $Co^{2+}$ と反応させて析出担持した後に，再び，$[Fe(CN)_6]^{4-}$ を吸着固定し，$Co^{2+}$ と反応させて析出担持しました。すると，図 4-17 に示すように，1 回目の担持量が多いと，その分，2 回目の吸着固定量が

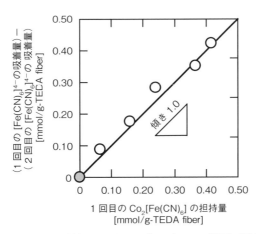

図 4-17 不溶性フェロシアン化コバルトの繰返し担持

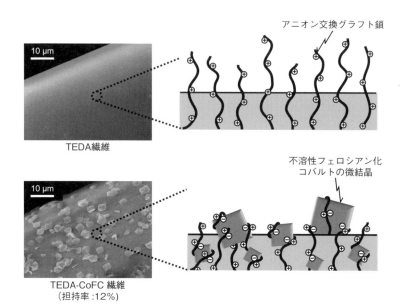

図 4-18 不溶性フェロシアン化コバルトのグラフト鎖への担持の構造

減ったのです。

そうだったのか！　と思いつきました。不溶性フェロシアン化コバルトの沈殿の表面はマイナスの電荷をもっていることが報告されています。一方、アニオンを吸着するわけだからアニオン交換グラフト鎖はプラスの電荷をもっています。そうなると、沈殿とグラフト鎖は互いに引き合います。沈殿にグラフト鎖が絡みついている、一部は貫通している構造ができると推測されます。沈殿生成が起こりつつ、グラフト鎖が巻き付くのでしょう（図 4-18）。

不溶性フェロシアン化コバルト担持繊維の表面の電子顕微鏡写真を見ると「粗目（ざらめ）せんべい」のように微粒子が繊維表面に乗っかっています。「粗目せんべい」ではこすったり、揺すったりすれば粗目がこぼれ落ちるのに対して、担持繊維ではこすっても、pHや塩濃度を変えても、微粒子は外れてきませんでした。微粒子に静電相互作用に基づいてグラフト鎖が多点で巻き付くので、欠落することなく、安定担持されるのは、わたしたちにとって、ラッキーなことでした。

## ゼオライトとの対決

　海水中でのセシウムに対するゼオライトおよび吸着繊維の吸着等温線を図 4-19 に示します。低濃度域で，ゼオライトに比べると，吸着繊維は高い吸

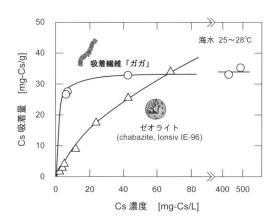

図 4-19　海水中での Cs の吸着等温線

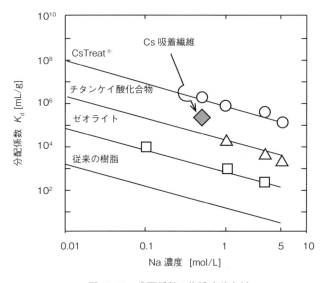

図 4-20　分配係数の塩濃度依存性

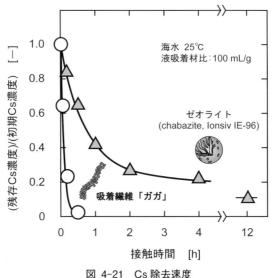

図 4-21 Cs 除去速度

着量を示しました。低濃度域では直線の平衡関係となるので，その傾き（平衡吸着量）／（平衡濃度）を分配係数（distribution coefficient）と呼んでいます。その分配係数を塩濃度の関数として図 4-20 に示します。

　吸着材重量に対する海水重量を一定（100）にそろえ，Cs 初濃度を 10 mg-Cs/L にして，海水に吸着材を投入し，よく混ぜて，液中の Cs が減る速度を調べました（図 4-21）。吸着繊維なら 30 分後で検出限界以下に，ゼオライトは 24 時間後でも除去率は 90 ％に留まりました。この理由は二つあって，吸着等温線が吸着繊維の方が好ましいので吸着材と液（海水）の界面での Cs 濃度が低く，液本体からの吸着繊維への Cs 拡散速度が大きいこと，および，吸着材内部への拡散物質移動距離が吸着繊維の方がゼオライトより短いことです。

　除染の場合，吸着材に吸着した Cs を溶離させません。高濃度の放射性 Cs を含む液体を取り扱いたくないからです。流れたり漏れたりするのが嫌なのです。ですから Cs を吸着後，吸着材を特別な容器に貯蔵します。貯蔵する前に減容できると容器の数が少なくてすむので助かります。Cs を捕捉した不溶性フェロシアン化コバルト担持繊維なら，ナイロン繊維とグラフト鎖は燃えます。また，不溶性フェロシアン化コバルトの部分も空気中で燃やせばシアン化

水素（HCN）を発生しないことも確認しました。減容できる吸着繊維は有利です。一方，ゼオライトは燃えません。

## 大量製造装置の設計

大学の実験室で優れた吸着材を作製できても，そのままでは実用化には至りません。品質のそろった吸着材を大量に製造できて初めて，ユーザーが本気になってくれます。そこで，この本の共著者である須郷さん（群馬県高崎市に本社を置く(株)環境浄化研究所の社長）と藤原さん（同社の研究開発部長）に相談しました。須郷さんは早速，ナイロン繊維を巻いた集合体であるボビン（bobbin）を出発材料にして，ガンマ線前照射グラフト重合法によって『吸着繊維ガガ』をつくるために，染色装置を改良した反応装置を設計しました。2011年9月には「吸着繊維ガガ」の量産体制を確立しました。1回の反応でガガ 100 kg をつくれるようになりました（図 3-14 参照）。そこから，広報と営業が始まったのです。

「吸着繊維ガガ」は福島第一原発の汚染水処理の現場では『わかめちゃん』と呼んでもらっています。なるほど，長いガガの組み紐はわかめのように見えますし，組み紐の両端にアンカーとブイを取り付けて水中に漂わせればまさにわかめです。福島第一原発所内の排水路，雨水ます，汚染水貯留タンクの側溝

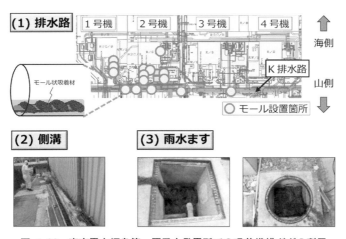

図 4-22　東京電力福島第一原子力発電所での吸着繊維ガガの利用

図 4-23 吸着繊維ガガを首に巻いた Ernst 先生（左）

で放射性 Cs の吸着除去に活躍しています（図 4-22）。

## GAGA, beautiful！ と Ernst 博士が褒めてくれた

　高分解能 NMR の開発について 1991 年にノーベル化学賞を単独受賞した，スイスのチューリヒ工科大学の Richard Robert Ernst 博士が，2012 年 3 月に千葉大学を訪問しました。そのときに，「吸着繊維ガガ」の話を聴いてくださいました。深緑色をした組み紐状の「吸着繊維ガガ」を見て「GAGA, beautiful！」といわれました。さらに，会食の席で，「ガガのために何でも協力します」とおっしゃって，ガガの組み紐を首に巻いてくださいました（図 4-23）。Ernst 先生に右に写っているのは「吸着繊維ガガ」の開発を先導した博士課程 3 年の学生（当時）の石原量君です。この写真はわたしたちの宝物になりました。「ガガ」の命名に対して「不謹慎だ」という批判が相次ぎ，そのせいか研究費がほとんど採択されずにいました。がっくりしていたわたしたちを Ernst 先生の一言が勇気づけてくれました。

## 発表論文

1) R. Ishihara, K. Fujiwara, T. Harayama, Y. Okamura, S. Uchiyama, M. Sugiyama, T. Someya, W. Amakai, S. Umino, T. Ono, A. Nide, Y. Hirayama, T. Baba, T. Kojima, D. Umeno, K. Saito, S. Asai, and T. Sugo, Removal of cesium using cobalt-ferrocyanide-impregnated polymer-chain-grafted fibers, *J. Nucl. Sci. Technol.*, **48**, 1281-1284（2011）.
2) S. Goto, S. Umeno, W. Amakai, K. Fujiwara, T. Sugo, T. Kojima, S. Kawai-Noma, D.

Umeno, and K. Saito, Impregnation structure of cobalt ferrocyanide microparticles by the polymer chain grafted onto nylon fiber, *J. Nucl. Sci. Technol.*, **53**, 1251-1255(2016).
3) 斎藤恭一，Cs や Sr を高速で除去する繊維，化学，**67**，35-37（2012）．
4) 斎藤恭一，除染，超純水製造，レアアース精製に向けた無機化合物，酵素，抽出試薬を担持した繊維状分離材料の作製，高分子論文集，**71**，211-222（2014）．
5) 斎藤恭一，小島　隆，浅井志保，繊維に接ぎ木した高分子鎖に絡めた無機化合物を利用する放射性物質の除去，分析化学，**66**，233-242（2017）．
6) 後藤聖太，斎藤恭一，東京電力福島第一原子力発電所港湾内の汚染海水から放射性物質を除去する吸着繊維の開発（1）放射性セシウムの除去，*RADIOISOTOPES*，**65**，7-14（2016）．

## 4.4　汚染水からのストロンチウムの除去

### ストロンチウムの除去はむずかしい

　東電福島第一原発の1～4号機取水路前の港湾（長さ400 m，幅80 m，深さ5 m）へ，原子炉建屋の汚染水の一部が漏出して，そこの海水が汚染されました（図 4-24）。現時点（2018年12月末）では告示濃度を下回っています。放射性セシウムの除去に比べて，放射性ストロンチウムの除去は圧倒的にむずかしくなります。理由は二つあります。

　一つの理由は，もともと，海水にはストロンチウム（Sr）が多く溶けているからです。海水には約 8 mg-Sr/L の濃度で"非"放射性 Sr が溶けています。ここへ，例えば，放射性 Sr が 1 億分の 1（$1/10^8$）程度の量で混ざります。放

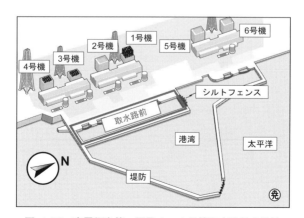

図 4-24　東電福島第一原発 1～4 号機取水路前の港湾

射性 Sr だけを識別して捕捉する吸着材はさすがに作製できないので，放射性 Sr を除去するために，除去する必要のない"非"放射性 Sr も捕捉します。逆にいうと，全体の Sr を 1/5 に減らせば，放射性 Sr も 1/5 に減らせます。したがって，吸着材には高い Sr 吸着容量が求められます。

もう一つの理由は，化学的性質がそっくりなカルシウム（Ca）がどの液中にもたいてい共存していて，吸着材中の吸着サイトをめぐって競合することになります。例えば，海水には Ca が 400 mg-Ca/L の濃度で溶けています。モル濃度に換算すると，Ca（原子量 40）は 10 mmol/L となります。これに対して Sr（原子量 88）は 0.09 mmol/L なので，海水中で Ca は Sr のモル数で約 100 倍も溶けています。したがって，吸着材には Ca に対する Sr 選択吸着性が求められます。

というわけで，捕捉せざるを得ない"非"放射性 Sr と捕捉したくはない Ca のために，吸着材の吸着サイトの数や構造を設計する点から放射性 Sr 除去用吸着材の作製はしんどい仕事です。それでも必要ですから吸着材をつくらねばなりません。

## SrTreat$^{TM}$ とはうまい命名

放射性 Sr（例えば，$^{90}$Sr）を吸着除去する吸着材としてフィンランドの Fortum 社から SrTreat$^{TM}$ という名の粒状吸着材が市販されています。その名のとおり，Sr を含む汚染水を処理する（treat）吸着材です。材質はチタン酸ナトリウム（sodium titanate）です。

わたしたちは，スルホン酸基を有するグラフト鎖をもつカチオン交換繊維を硫酸チタン水溶液に浸してチタンイオン $Ti^{4+}$ を吸着固定しておいて，それを

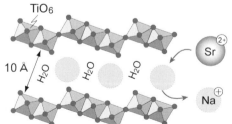

図 4-25　チタン酸ナトリウムの $Na^+$ と $Sr^{2+}$ のイオン交換

水酸化ナトリウム（NaOH）水溶液に浸してチタン酸化合物を析出担持する経路を探りましたが，残念なことに，沈殿が一部，グラフト鎖から欠落しました．

$$Ti(SO_4)_2 + 4\,NaOH = Ti(OH)_4 + 2\,Na_2SO_4 \qquad (4\text{-}6)$$

という量論式を書くと，水酸化チタン $Ti(OH)_4$ が生成します．ここから図4-25に示す，$Na^+$ を挟み込んだ層状構造のチタン酸ナトリウムを形成させるには，それなりにエネルギーが必要です．

## 「銅鉄」研究ではなく「CsSr」研究

不溶性フェロシアン化コバルトの析出担持のときに沈殿が欠落しない仕組みを見習うことにしました．チタンのアニオン種をアニオン交換繊維に吸着固定してアルカリとの沈殿反応によってチタン化合物を析出担持することにしました．東北大学の垣花眞人（かきはなまさと）先生（多元物質科学研究所　教授）が酸化チタンの作製に役立つチタンアニオン種として，ペルオキソチタン錯体（peroxotitanium complex）アニオンを提案していました（M. Kakihana, *et al.*, *Bull. Chem. Soc. Jpn.*, **83**, 1285-1308（2010））．硫酸チタン水溶液と過酸化水素（$H_2O_2$）を混ぜて，NaOHで液のpHを2付近に調整します．する

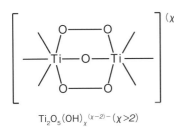

図4-26　チタン二核錯体（POTC）アニオンの推定構造

[H. Ichinose, *et al.*, *J. Sol-Gel Sci. Technol.*, **22**, 33-40（2001）]

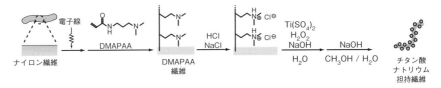

図4-27　チタン酸ナトリウム担持繊維の作製経路

と，チタン水溶液はオレンジ色を呈しました。このとき，チタンの溶存形態はチタンの二核錯体です（図 4-26）。

ペルオキソチタン錯体（以後，POTC と略記）アニオンをアニオン交換繊維に吸着固定し，水洗後，NaOH 水溶液に浸して析出担持させました（図 4-27）。POTC アニオンを吸着固定したアニオン交換繊維の色はオレンジです。アルカリ水溶液に浸すと，白色へ変化しました。「吸着繊維ガガ」のときのように深緑色ではなく地味な白色でした。愛称がつけにくい繊維でした。

担持の仕組みを調べるために，担持操作を繰り返すことにしました。実用上も，チタン酸化合物の担持率が高い方が有利なはずです。POTC アニオンを吸着固定したアニオン交換繊維を水洗し，再び，POTC アニオンを吸着固定しました。この水洗のときに，pH が上がって POTC アニオンが加水分解してチタン無機ポリマーになります。2 回目の POTC アニオンの吸着固定量は 1 回目のそれと同じでした。ここが，不溶性フェロシアン化コバルトの担持とは異なります。不溶性フェロシアン化コバルトの析出担持では，2 回目のフェロ

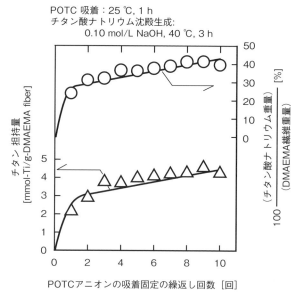

図 4-28　Sr 除去用吸着繊維のチタン担持量と POTC アニオンの吸着固定の繰返し回数との関係

シアン化物イオンの吸着固定量は減りました。チタン無機ポリマーはグラフト鎖のアニオン交換基，いい換えると，プラス電荷をもつグラフト鎖と相互作用をしないようです。10回までPOTCアニオンの吸着固定を繰り返した後，NaOH水溶液と反応させてSr除去用吸着繊維に仕上げました。POTCアニオンを含む溶液に繊維を浸漬する回数を増やしていくと，チタンの量もチタン酸化合物の量も増えていきました。10回目には，チタン酸化合物の担持率はアニオン交換繊維あたりで40％に達しました。これは仕上がった繊維の重さの約30％分がチタン酸化合物であるということです（図4-28）。

## チタン酸ナトリウムだろう

できあがったチタン化合物担持繊維を1 mol/L硝酸に浸して，繊維から担持物を全量溶解させました。その組成は$Na_{3.8}Ti_5O_{11.9}$とわかりました。液相中で同じように作製したチタン酸ナトリウム（$Na_4Ti_5O_{12}$）の組成とほぼ一致しました。これは液中で均一につくっても，グラフト鎖相内でつくっても同じような組成の沈殿ができることを示しています。温和な条件ながら，グラフト鎖内でチタン酸ナトリウムができているようです。

チタン酸ナトリウムへの転化後に，欠落量が無視できることから，沈殿はグラフト鎖に物理的に絡んでいると推察しています。不溶性フェロシアン化コバルトの沈殿は静電相互作用に基づいてグラフト鎖に絡んでいました。いずれにせよ，担持した沈殿が繊維から欠落しないのなら，詳細な構造が不明でもとりあえずよいとしましょう。

## SrTreat™ との性能比較

いよいよ海水中でのSrの吸着性能を調べました。ライバルはもちろん，SrTreat™です。当方は繊維（繊維の直径，約80 μm），ライバルは粒子（粒子の直径，300〜850 μm）です。吸着速度は繊維が勝つことがわかっています。吸着平衡時の吸着材重量あたりのSr吸着量と液中のSr濃度との関係を表す図面（吸着等温線）を作成しました（図4-29(a)）。人工海水を使い，Srの濃度を天然海水よりも高い濃度の液もつくって実験しました。図に示すように，液中のSr濃度が同一のとき，SrTreat™の方が吸着繊維よりも高いSr吸着量

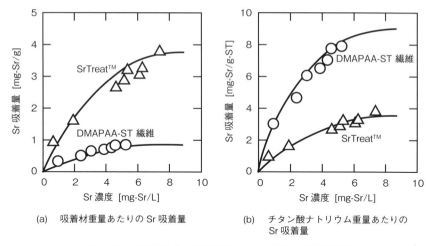

図 4-29　人工海水中での吸着材の Sr に対する吸着等温線

を示しました。

　SrTreat$^{TM}$ はチタン酸ナトリウムを粒子に成形しているので，100％チタン酸ナトリウムです．一方，吸着繊維は，基材であるナイロン繊維にグラフト鎖を取り付け，そこでチタン酸ナトリウムを析出担持させていて，チタン酸ナトリウムの含有率（担持率）は 11％です．吸着材の形を粒子から繊維にする代わりに，含有率ひいては Sr 吸着量が犠牲になります．

　縦軸の単位を，吸着材重量あたりの Sr 吸着量ではなく，チタン酸ナトリウム重量あたりの Sr 吸着量に換算して，再び吸着等温線を描いてみると，吸着繊維は SrTreat$^{TM}$ を逆転します（図 4-29(b)）．両者は一致してもよいはずですが，SrTreat$^{TM}$ をつくるときに高温にしたり高圧にしたりするため構造の一部がダメージを受けていると推測しています．吸着繊維では温和な条件で析出担持していますので，ダメージは受けないでしょう．むしろ，層状構造が中途半端なのでは？　と心配なくらいです．

### 除染に必要な吸着繊維量の試算法

　吸着等温線から，海水中の Sr 濃度に対する吸着繊維の Sr 吸着量は 1 kg あたり 1 g です．この吸着等温線を使って，放射性 Sr 除去の概念設計を試みま

す。福島第一原発の1~4号機前取水路前の港湾の大きさは，長さ，幅，そして深さがそれぞれ 400，80 そして 5 m です。したがって，海水量は 160,000 m$^3$（16 万トン）です。この汚染海水から放射性 Sr 量を 1/10 に減らすための吸着繊維の量を，物質収支式と吸着等温式を連立して計算することができます。

　吸着繊維の投入を1回ではなく，分割して投入すると，必要量を減らすことができます。それにしても，大量の吸着繊維が必要なので，費用がかかります。これから長い年月がかかる廃炉の費用に回したいはずです。

**発表論文**

1) 河野通克，海野　理，後藤駿一，藤原邦夫，須郷高信，小島　隆，河合（野間）繁子，梅野太輔，斎藤恭一，ペルオキソチタン錯体アニオンと新規アニオン交換グラフト繊維との組み合わせから作製した海水中からのストロンチウム除去用吸着繊維，日本海水学会誌，**69**，90-97（2015）．
2) 片桐瑞基，河野通克，後藤駿一，藤原邦夫，須郷高信，河合（野間）繁子，梅野太輔，斎藤恭一，DMAPAA グラフト繊維へのチタン酸ナトリウムの穏和な反応条件下での担持と得られた繊維を使う海水からのストロンチウムの除去，日本海水学会誌，**69**，270-276（2015）．
3) 成毛翔子，後藤駿一，片桐瑞基，藤原邦夫，須郷高信，河合（野間）繁子，梅野太輔，斎藤恭一，DMAPPA グラフト繊維に担持されたチタン酸ナトリウムの組成およびそのストロンチウムイオン交換比の決定，日本海水学会誌，**70**，364-368（2016）．
4) 後藤駿一，斎藤恭一，東京電力福島第一原子力発電所港湾内の汚染海水から放射性物質を除去する吸着繊維の開発（2）放射性ストロンチウムの除去，*RADIOISOTOPES*，**65**，15-22（2016）．

## 4.5　汚染水からのルテニウムの除去

### 逆転の発想

　偶然の発見が抗がん剤の開発・製品化へつながった話を紹介します。1965年にアメリカの Rosenberg 先生は，電場が大腸菌の増殖に及ぼす効果を調べようとしました。そのとき，大腸菌は増殖しなかったのです。よくよく調べてみると，その原因は電場を与えるのに使用した白金電極からわずかに溶け出した白金化合物でした。白金化合物が，大腸菌の DNA の二重らせんを構成する核酸塩基にらせんをまたぐように結合して複製を止めるのが原因とわかったのです（図 4-30）。この偶然の発見をヒントにして，シスプラチン（図 4-31）

DNA
（二重らせん）
アデニン (A)
グアニン (G)
Pt
NH3
NH3

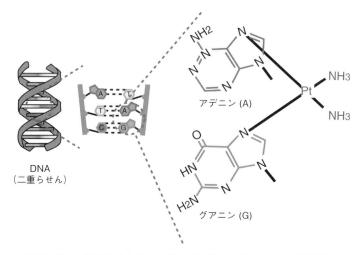

図 4-30　二重らせんへの白金化合物（シスプラチン）の架橋結合

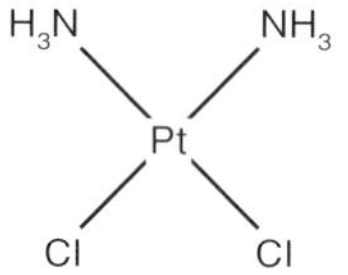

図 4-31　シスプラチン

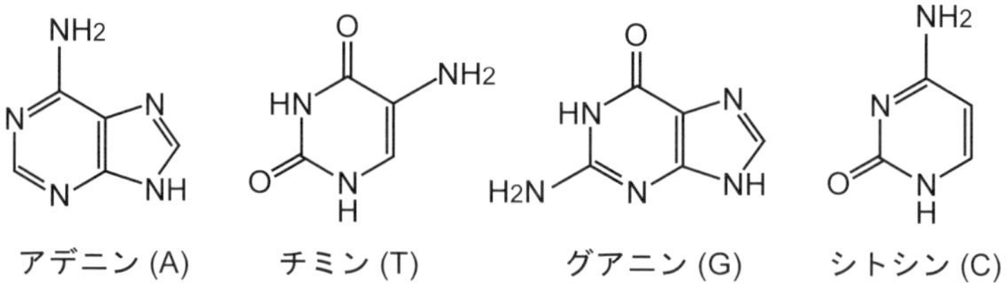

アデニン (A)
チミン (T)
グアニン (G)
シトシン (C)

図 4-32　核酸塩基

という名の白金化合物ががん細胞の増殖を抑制する薬（抗がん剤）として研究開発され，日本では1985年から使用され，現在でも治療に役立っています。

この発見を逆から考えます。「白金化合物が核酸塩基に結合する」ということは「核酸塩基は白金化合物を吸着できる」となります。そこで，核酸塩基を高分子鎖に固定して白金化合物回収用吸着材をつくることにしました。核酸塩

基は，アデニン（A），チミン（T），グアニン（G），そしてシトシン（C）の4種類（図4-32）です。これらは，分子内に炭素と窒素とからなる環状構造（プリン環またはピリミジン環）をもっています。この窒素が白金化合物と錯体をつくるのに役立ちます。

## ルテニウム（Ru）は白金族！　核酸塩基で捕まるはず

東電福島第一原発の汚染水処理を実施しているH社の技術者と話をしているなかで，「Ruを除去するための吸着材はありませんか？」と質問されました。わたしたちはこれまでRuとの関わりがまったくありませんでしたから，「考えてみます」と応えるのがやっとでした。東電福島第一原発では，多核種除去設備（通称，ALPS）という吸着材を充填した塔が直列に並んだ設備に汚

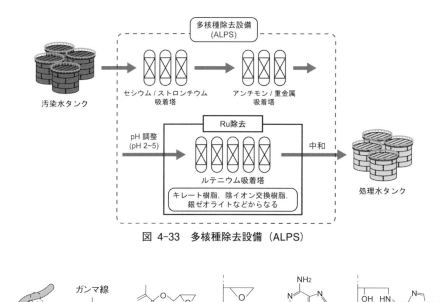

図4-33　多核種除去設備（ALPS）

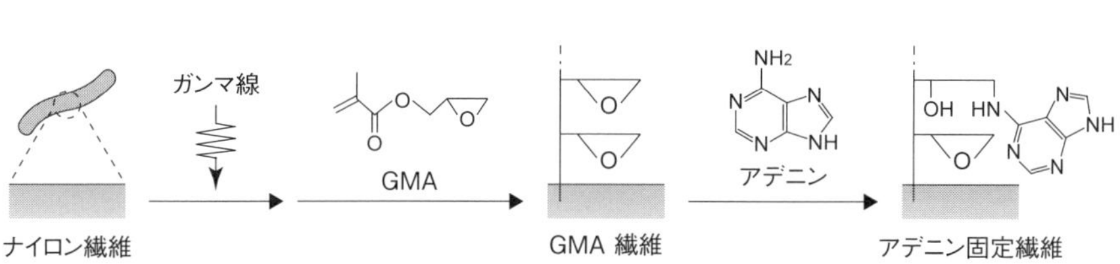

図4-34　核酸塩基（アデニン）の繊維への固定

染水を流通させて 62 種類の放射性物質を除去しています．その最終段階で複数の塔を使って Ru を除去していることから（図 4-33），相当に苦労していることがわかります．

　Ru が白金族の六つの元素（Pt, Pd, Rh, Os, Ir そして Ru）の一つだと知り，アデニンやグアニンを繊維に固定すれば Ru を捕捉できると思いました．「塔の数を減らすことができたら ALPS に採用されるかもしれない．廃棄物の量も減らせる…」早速，実験上手な佐々木君に「急いで調べよう」と声をかけました．

　アデニン分子内のアミノ基と，ナイロン繊維に付与したグラフト鎖中のエポキシ基を反応させ，アデニン固定繊維を作製しました（図 4-34）．得られたアデニン固定繊維のアデニン固定密度は 1.2 mol/kg となり，キレート樹脂として普通の値，いやむしろ高い値です．

　汚染水のモデル液として，塩化ルテニウム（$RuCl_2$）水溶液（10 mg-Ru/L, pH 2）を採用しました．液繊維比 100 で，モデル液中にアデニン固定繊維を投入し振とうして，Ru 濃度を追跡しました．Cs 除去にしても Sr 除去にしても，この初濃度で，この液繊維比なら，30 分も経てば液中の Cs や Sr の濃度は 1/10 以下になりましたが，Ru はほとんど減りませんでした．どうなっているんだろう？

### 塩を添加すると Ru を多く，速く吸着した

　まず，液温を上げました．60 ℃なら 1 週間で Ru 濃度は半減しました．次に，塩（NaCl）を最大 0.5 mol/L（海水相当）まで加えました．すると，60 ℃，0.5 mol/L なら 1 日で Ru 濃度は検出限界以下まで減ったのです（図 4-35）．イオン交換に基づく吸着なら，吸着した対象イオンを溶離させるときに NaCl 濃度を高くします．いい換えると，塩を加えると対象イオンは吸着しなくなります．また，疎水性相互作用に基づく吸着なら，塩濃度を高めて吸着量を増やします．そのときには，NaCl より溶解度が高い硫酸アンモニウム（硫安，$(NH_4)_2SO_4$）を塩として使います．

　アデニン固定繊維への Ru の吸着速度の増大を Ru の溶存形態の変化によって説明します．Ru のアクア錯体が塩化物イオン濃度の増加によってクロロ錯

4.5 汚染水からのルテニウムの除去　83

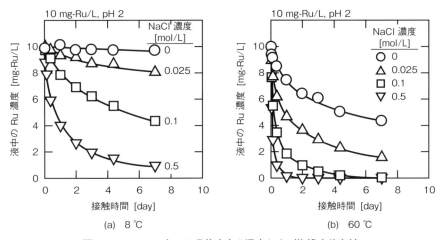

図 4-35　ルテニウムの吸着速度の温度および塩濃度依存性

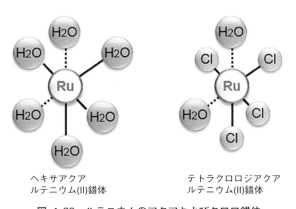

図 4-36　ルテニウムのアクアおよびクロロ錯体

体へ変化し，グアニン構造と反応しやすくなるのでしょう（図 4-36）。さらに，それぞれの液温でのRu濃度の減衰曲線を二次反応モデルに従って解析しました。その反応速度定数の対数を温度の逆数に対してプロットしました（Arrheniusプロット）。このプロットを直線で結んで得られる傾きから活性化エネルギーを算出したところ，45 kJ/molとなりました。この値の大きさは，総括の吸着速度が拡散過程ではなく反応過程によって支配されていることを示

しています。もっとも，温度を上げると吸着速度が増大したということは活性化エネルギーの絶対値が大きいことを物語っていたわけです。

アデニン固定繊維を使い，塩を加えて，液温を高くすれば，汚染水中の Ru の除去はうまくいくとわかりました。そこで，この成果を話の出所に伝えたところ，「Ru の除去の件は解決しました」という返事。タイミングを逸してしまいました。佐々木君が急いでよい成果を出したのにとても残念。他の用途を見つけなくては…。

**発表論文**

1) 佐々木貴明，藤原邦夫，須郷高信，河合（野間）繁子，梅野太輔，斎藤恭一，ルテニウムを水中から除去するための核酸塩基固定繊維の作製，日本海水学会誌，**69**，98-104（2015）．

## 4.6　超純水からの尿素の除去

### 尿素はどこから来る

超純水を英語にすると，ultrapure water です。「超」が付くくらいなので，$H_2O$ だけからできているのかというとそうでもありません。コンタミ（contamination，汚染）を伴わない濃縮手法があると，超純水中の微量成分を極薄い濃度まで分析できます。ppt（part per trillion，$10^{-12}$（1 兆分の 1）やppq（part per quadrillion，$10^{-15}$（1,000 兆分の 1）というレベルでイオンが溶けています。例えば，水 1 L（1 kg）に Na が 23 ppq 溶けているとします。$23 \times 10^{-15}$（g/g）を原子量 23 で割ってアボガドロ（Avogadro）数をかけると，$(23 \times 10^{-12})/23 \times (6 \times 10^{23}) = 6 \times 10^{11}$ となり，6,000 億個の Na イオンが 1 L（1 kg）中に溶存していると計算できます。

イオンを水から徹底して除くと，集積回路（IC）製品の収率（これを『歩留り』と呼びます）が高まります。いい換えると，不良品が減ります。シリコンウェハー（シリコンでできたウェハースのように薄い板）上で，多数の化学反応を積み重ねて集積回路（IC）を製造しています。一つの化学反応の終了のたびに，その反応に使った試薬や溶媒を，超純水を使って洗い出していま

4.6 超純水からの尿素の除去　　85

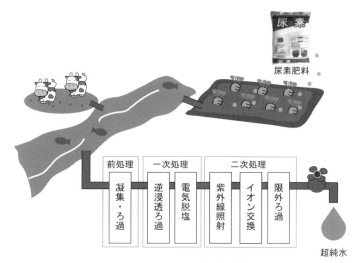

図 4-37　河川水からの超純水製造プロセス

す。この洗浄に使う水がきれいであればあるに越したことはないという考えから超純水から溶存イオンを徹底的に除去しようというわけです。

　N社から超純水製造の相談が持ち込まれました。「超純水の総有機炭素（TOC：total organic carbon）量がゼロに近づかない原因が尿素だとわかりました。それで，超純水から尿素を除去できる吸着材をつくってください」という要請でした。IC製造工場では超純水を自前で製造しています。図 4-37 に示すように，工場の脇を流れる川の水を原料にして超純水をつくります。例えば，利根川を考えます。群馬県の山中を水源にして，群馬県，埼玉県，千葉県北を通って「銚子」で太平洋に流れ出ています。その利根川の上中流には，農耕地があって肥料を使っています。肥料の窒素源は尿素です。また，養豚や養鶏農家があり，そこでは豚や鶏がおしっこをします。余分な尿素と尿中の尿素は川へ流入します。やがて，利根川沿いのIC製造工場の取水口に到達して超純水製造装置に尿素が入っていきます。

　尿素は図 4-38 に示すように，単純な構造の有機化合物で，サイズ（分子量 60）が小さく，電荷ももたないので，捕えるのに引っ掛けどころがない分子です。そこで，尿素を他の物質へ変換してそれから捕えるというアイデアがこ

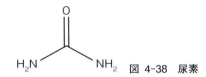

図 4-38　尿素

れまで提案されてきました。

　尿素は酵素ウレアーゼと接触して次の加水分解反応を起こします。

$$H_2N\text{-}CO\text{-}NH_2 + H_2O \longrightarrow CO_2 + 2\,NH_3 \tag{4-7}$$

生成したアンモニアはさらに水と反応して,

$$NH_3 + H_2O \longrightarrow NH_4^+ + OH^- \tag{4-8}$$

こうなれば，カチオン交換樹脂を使ってアンモニウムイオン $NH_4^+$ を吸着除去できます。一方，二酸化炭素 $CO_2$ は減圧にして，液からガスとして放散除去できます。結局のところ，尿素分子構造内の中央の CO は $CO_2$ に，両端の $NH_2$ は $NH_4^+$ に変換されて水中から除去されるわけです。

## 酵素ウレアーゼを繊維に固定する

　ウレアーゼ（urease）は，分子量が 480,000 ですから，相当にサイズの大きな酵素です。ウレアーゼを超純水に少しだけ溶かして尿素を分解することはできても，ウレアーゼが超純水に溶ければその時点で超純水ではなくなります。そこで，繊維に接ぎ木した高分子の鎖（グラフト鎖）にウレアーゼを絡ませ，超純水へ漏れ出さいように酵素間を架橋し，固定することにします。『固定化酵素』という方法を採用します。図 4-39 に示した経路で作製したウレアーゼ固定繊維は吸着材ではなくて触媒です。「尿素」を加水分解して超純水から除去する目的を果たします。

　グラフト鎖に吸着させたウレアーゼが尿素の加水分解反応中に超純水中へ抜

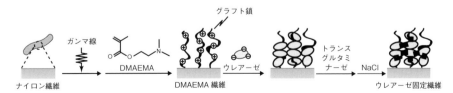

図 4-39　ウレアーゼ固定繊維の作製経路

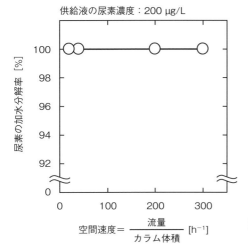

図 4-40 尿素の加水分解率と尿素水溶液の空間速度との関係

け落ちたら何にもなりません。吸着材が「汚染源」になってしまいます。そこで，吸着したウレアーゼ間を架橋しました。魚のすり身から蒲鉾をつくるときに利用されている架橋酵素トランスグルタミナーゼを A 社から提供していただきました。食品製造に利用されているくらいですから安全かつ安価です。

架橋操作の後に，ウレアーゼ固定繊維を詰めたカラムに NaCl 水溶液を流通させて，架橋されずにイオン交換によって吸着しているウレアーゼを溶離させました。吸着量から溶離量を引き算して架橋量を算出しました。その架橋量を吸着量で割って算出される架橋率は 80 % でした。

いよいよウレアーゼ固定繊維を充填したカラムへ，尿素水溶液を一定流量で流通させました。尿素の加水分解率と尿素水溶液の空間速度との関係を図 4-40 に示します。尿素の濃度は超純水の製造現場に合わせて ppt レベルにしたかったのですが，研究室の分析手法の都合で 200 ppb に初濃度を設定しました。流量をウレアーゼ固定繊維を充填したカラムの体積で割った値を専門分野では空間速度（SV：space velocity）と呼んでいます。図の横軸は SV です。

$SV = 300\ h^{-1}$ まで，いい換えると，カラム内の液の滞留時間 12 秒まで短くしても尿素を分解できました。普通の吸着材充填カラムへの液の流通はせいぜい $30\ h^{-1}$ で行われますから，高性能だと判断しました。グラフト重合とウレアーゼ固定を経てナイロン繊維の体積が膨らんでいくとともに，超純水からの

尿素除去の実用化への期待も膨らみました．しかしながら，集積回路製造工場が日本からアジアへ移転していったなかで，新工場建設の予定がないそうです．したがって，日本での超純水製造設備の受注がないのです．そのため，ウレアーゼ固定繊維は宙ぶらりんになっています．グローバル経済の波が大学の一研究室の経済（研究費の獲得）を直撃しました．

### 発表論文

1) M. Sugiyama, K. Ikeda, D. Umeno, K. Saito, T. Kikuchi, and K. Ando, Removal of urea from water using urease-immobilized fibers, *J. Chem. Eng. Jpn.*, **46**, 509-513（2013）．

## 4.7　河川水からのホウ素の除去

### 海水中のホウ素のほうが濃いのに？

　水処理を専門とするN社から「水中のホウ素を低コストで除去できる吸着材をつくれませんか？」という問い合わせがありました．わたしは不思議に思いました．ホウ素（B）は，海水に4.5 mg/Lというそれなりに濃い濃度で溶けていて，規制されていません．それなのに，どうしてそれより薄いのに河川水からホウ素を除去する必要があるのだろう？　川はやがて海に辿り着くのだから問題はないと思ったのです．

　そう簡単な話ではなかったのです．わたしたちの水道水は河川水を原料にしてつくっていることを忘れていました．川を上流から下流へ下っていくと，浄水場があって，水道水をつくっています．しかし，現状では浄水場ではホウ素を除去していません．

　ホウ素は植物にとっては必須の元素です．一方，動物にとってはどちらかというと有害です．ゴキブリ退治にホウ酸団子（Japanese Housan-Dango）を使うことがあります．ヒトの致死量は体重60 kgに対して120 gです．というわけで，河川中のホウ素濃度を規制する必要があるのです．水道水水質基準ではホウ素は1.0 mg/Lとなっています．昔は，眼科の診察室に入ると，ホウ酸を溶かした水の入った金属製の白いたらいがあって，お医者さんが手の消毒のために使っていました．

## 安いホウ素を捕まえる高い試薬

世の中には，組合せがよいこともあれば，逆に，組合せがわるいこともあります。タウリンとタンパク質，タンニンとバナジウムという組合せでは，捕まえる側の試薬が安いのに高価なものを捕まえます。一方，N-メチルグルカミン（NMG）とホウ素という組合せでは，捕まえる側の試薬が高いのに利用されないホウ素を捕まえます。いまのところ，ホウ素を選択的に捕まえるのに，NMGより優れた化学構造は見つかっていません。

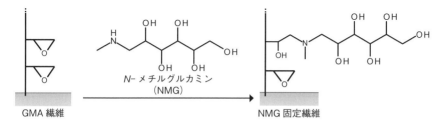

図 4-41　NMG 固定繊維の作製経路

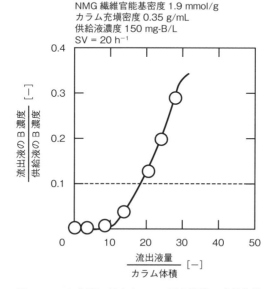

図 4-42　ホウ素に対する NMG 固定繊維の破過曲線

水中に溶けているホウ素を除去するために，ナイロン繊維に付与したGMAグラフト鎖（20ページ参照）にNMGを導入しました（図4-41）。作製したNMG固定繊維のNMG密度は2.0 mmol/gでしたから，キレート樹脂としての密度はそれなりです。NMG繊維をカラム（内径5.5 mm）に13 mmの高さまで充填し，ホウ素溶液（供給液濃度150 mg-B/L）をカラムに下向きに流通させました。流出液中のホウ素を追跡して得られる破過曲線を図4-42に示します。

ホウ素水溶液を極限までにゆっくり流すと，流出液中のホウ素濃度はかなりの間はゼロです，吸着が平衡に近づくと，ホウ素濃度が急激に上昇します。破過曲線が崖の横断面のようになります。しかし，あまりにゆっくりとした流量は，実用上は意味がありません。

破過曲線での破過点として $C/C_0 = 0.1$ を定義します。破過点までに吸着したホウ素量を吸着材の重量で割って実用吸着容量（破過吸着容量とも呼びます）を算出します。実用吸着容量は，平衡吸着容量よりも，除去現場では価値のあ

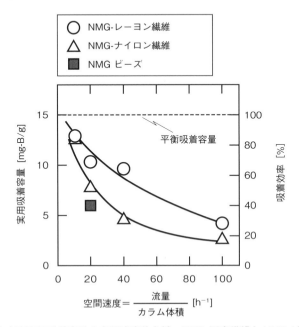

図 4-43　ホウ素実用吸着容量の空間速度依存性：NMG固定繊維とNMGビーズの比較

る特性値です。実用吸着容量の流量依存性を図 4-43 に示します。この曲線は，なるべく上の方にあって，そこから右下がり具合が小さいことが吸着材の性能がよいことに当たります。市販の NMG ビーズ充塡カラムに比べて，NMG 固定繊維充塡カラムは，同じ流量なら高いホウ素回収率を示し，有利でした。

## それでもホウ素を除去しておきたい

繊維に吸着したホウ素は 0.5 mol/L 硫酸を使って"定量的に"("ほぼすべて"という意味)溶離させることができました。溶離後は水洗して再び吸着に使えます。繰り返し使えることは，吸着速度が速いことと吸着容量が大きいこととともによいことです。

ホウ素は水中で pH によって溶存形態が変わります（図 4-44）。

$$B(OH)_3 + OH^- = B(OH)_4^- \tag{4-9}$$

$B(OH)_3$ は溶解度が小さい化合物です。何らかの原因で pH が上がって，$B(OH)_3$ が生成すると，液が流れる円管の内壁に沈着し，円管を狭めます。円管の直径が半分までになると，流体力学の計算式（4-10）から，管に同じ流量を流すのに必要な圧力は，2 倍ではなく $2^4$ で 16 倍になります。液を送り出

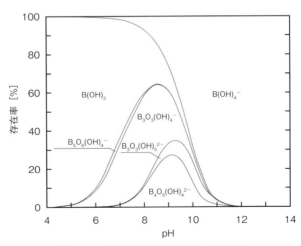

図 4-44　ホウ素の溶存形態の pH 依存性

すポンプに負荷がかかり好ましくありません。工業用水からホウ素を除去したいのはやまやまですが，現状ではそうなっていません。ホウ素の使い途があると，ホウ素の除去コストを下げられますが，現時点ではそれがないのです。ホウ素に罪はありません。

$$\text{圧力損失} \quad \Delta P = Q(8\mu L)/(\pi R^4) \tag{4-10}$$

ここで，$\mu$，$L$，そして$R$は，それぞれ液の粘度，管の長さ，そして管の半径です。

### 発表論文

1) K. Ikeda, D. Umeno, K. Saito, F. Koide, E. Miyata, and T. Sugo, Removal of boron using nylon-based chelating fibers, *Ind. Eng. Chem. Res.*, **50**, 5727-5732 (2011).
2) 池田浩輔，梅野太輔，菊池　隆，安藤清人，須郷高信，斎藤恭一，ナイロン繊維にグラフト重合したポリグリシジルメタクリレートへの$N$-メチルグルカミン固定反応に適する溶媒の選択，日本イオン交換学会誌，**22**，81-86 (2011).

## 4.8　血液からの病因タンパク質の除去

### 学科の再編とテーマ探し

いまから30年ほど前のことです。学生からの学科の人気を回復させるために，東京大学工学部応用化学系の学科の再編がありました。当時，わたしが助手として働いていた研究室は「バイオテクノロジー」をキーワードにした研究テーマへ移行することになりました。「バイオ」の文字が学科名や研究室名に付いているだけで学生が集まる時代でした。そうなると，3K（きつい，汚い，危険？）の代表のような「海水ウラン採取」のテーマは表立って研究しにくくなりました。こっそりとつづけるしかありませんでした。

わたしも医療に役立つ研究をしたいと考えていましたから，「人工臓器」学会の雑誌や「バイオマテリアル」の本をよく読んでいました。そんなとき「免疫吸着材」という用語に出会いました。旭化成メディカル(株)が「イムソーバ®」という名で商品化していました。「イム」はimmune（免疫）そして「ソーバ」はadsorber（吸着材）ということから名づけたのだと思います。

トリプトファンやフェニルアラニンといった疎水性アミノ酸（図4-45）を

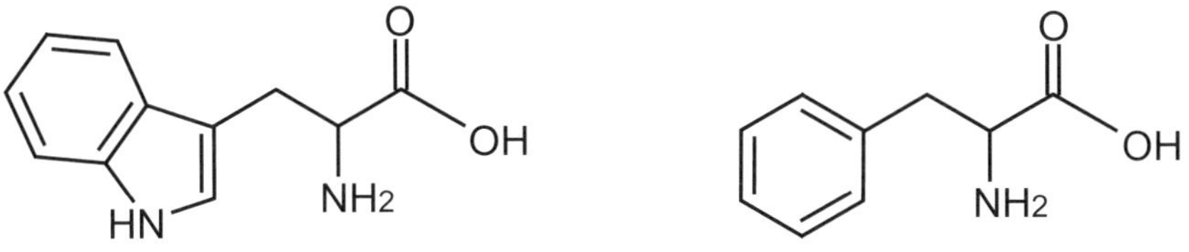

4.8 血液からの病因タンパク質の除去   93

トリプトファン (Trp)　　　　　　　フェニルアラニン (Phe)

図 4-45　疎水性アミノ酸

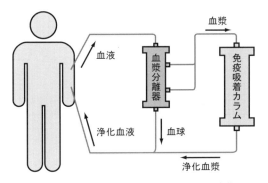

図 4-46　免疫吸着カラムを使う血液の浄化

固定したビーズをカラム（円筒）に詰め，そのカラムに患者さんの血液を流通させると，例えば，筋無力症という難病治療に著効（著しく効果）を示すことがあると報告されていました。免疫吸着カラムを使った治療システムを図 4-46 に示します。患者さんの血液を体外に取り出して，吸着カラムに通過させて，病因物質を吸着除去します。そして，再び，血液を体内に戻します。

## 素人の浅知恵

　わたしたちは，多孔性中空糸膜に付与したGMAグラフト鎖（20ページ参照）のエポキシ基に疎水性アミノ酸を導入しました（図 4-47）。この膜の孔内に血漿を透過させると，病因物質が「高速で」捕捉されます。拡散物質移動抵抗が無視できるほど小さいからです。高速に吸着できると，すなわち除去に時間がかからなくなると，それだけ患者さんの治療にかかる時間を減らせると考

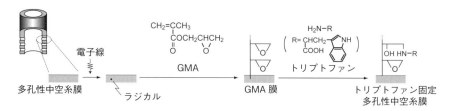

図 4-47　トリプトファン固定多孔性中空糸膜の作製経路

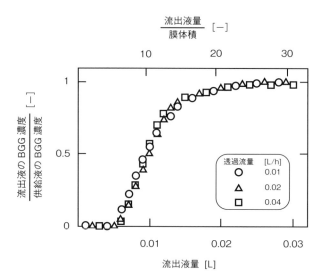

図 4-48　ウシγ-グロブリン（BGG）に対するトリプトファン固定多孔性中空糸膜の破過曲線

えました。

　トリプトファン固定多孔性中空糸膜に，モデル液としてウシγ-グロブリン水溶液（pH 7.4）を膜の内面から外面へ透過させて，破過曲線を作成しました。ここでも破過曲線は流量によらずに重なりました（図 4-48）。流量を気にしないでよいわけですから，使用者にとって優れた吸着特性といえます。しかしながら，この材料を現場で使ってもらえないと何の意味もありません。

　関連する文献を読んでいて，筋無力症の患者さんに免疫吸着治療を実施していた順天堂大学医学部の佐藤猛（さとうたけし）先生の研究報告を知りまし

た。さっそく，東京のJR東日本「お茶の水駅」近くの順天堂大学附属病院に隣接する研究棟に佐藤先生を訪ねました。佐藤先生は患者さんの自宅を訪問し，治療をなさっていてお忙しい様子でした。

佐藤先生に，トリプトファン固定多孔性中空糸膜の現物をお見せして，免疫吸着ビーズを充填した吸着カラムとの違いを説明しました。特に，「高速」除去の利点を述べました。すると，佐藤先生は静かにこうおっしゃいました。「斎藤さん，患者さんの血液を体外へ取り出す流量には上限があるのです，それを越えると患者さんはショック死してしまいます。ですから，高速除去はこの場合，利点とはなりません」。それを聴いてわたしとK君は，自分たちの考えの浅はかさに気づき，恥ずかしくなりました。

## 発表論文

1) M. Kim, K. Saito, S. Furusaki, T. Sato, T. Sugo, and I. Ishigaki, Adsorption and elution of bovine $\gamma$-globulin using an affinity membrane containing hydrophobic amino acids as ligands, *J. Chromatogr.*, **585**, 45-51 (1991).

# 第 5 章

# 採取の巻

　海水からのウラン採取にしても湧水からのバナジウム採取にしても，黒潮と富士山をもつ日本だからこその「夢のある話」です。なんといっても薄い。海水中のウラン濃度は $1\,m^3$ 中に $3\,mg\text{-}U$，湧水中のバナジウム濃度は $1\,m^3$ 中に $60\,mg\text{-}V$ です。濃度の絶対値が小さいので物質移動速度の絶対値も小さいのです。明らかに難題なのです。

　鉱山から採掘される鉱石が吸着材のライバルになります。低品位でもよいので，鉱石の含有量までに吸着材中の金属の吸着量が達したのなら，その後は鉱石の処理プロセスに乗せればよいのです。吸着材から金属を外して，何度も繰り返して使えるので鉱石より吸着材は優れています。資源のない日本にとって「海水産ウラン鉱石」「湧き水産バナジウム鉱石」は貴重にちがいありません。

## 5.1　海水からのウランの採取

### 新聞の囲み記事をまず読んだ

　「このテーマにしましょう」とわたしの大学院修士課程の指導教員でいらしたM教授からいい渡されたのが『海水からのウラン採取』でした。そのときにM教授から，海水ウラン採取について書いてある新聞の囲み記事を手渡されました。今から思うと，海水 $1\,m^3$ に $3\,mg$ 溶けているウランを採って原子力発電所のウラン燃料にするという壮大な研究テーマでした。M研究室で，これまでにだれも手掛けていないテーマでしたから，海水もない，装置もない，ウラン分析の手段もありませんでした。そして，何よりもウラン採取用吸着材がありませんでした。

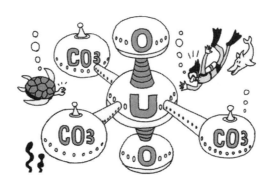

図 5-1　海水中でのウランの溶存形態

　世界中のどの海でも海水中に 3 ppb（parts per billion）で，いい換えると，1 L（1,000 g）中に 3 μg の量でウランが溶けています。海水の pH は 8〜8.2 の範囲にあり，その pH ではウランの溶存形態は三炭酸ウラニルイオン $UO_2(CO_3)_3^{4-}$ です。このイオンは，図 5-1 のように，O-U-O という直線構造の真ん中に位置する U の水平面上で，120 度の角度で離れて三つの炭酸イオン $CO_3^{2-}$ が囲んで結合しています。この複雑なイオンは，海中に漂う人工衛星のような形をしています。

　海水は『海底のスープ』といわれていて，海底から多くの元素が溶け出し，さまざまな形で，さまざまな濃度で溶存しています。例えば，塩化ナトリウム（NaCl）は 1 L に約 30 g 溶けています。したがって，溶けているウランの重さは，NaCl の重さの 1 千万分の 1（$3 \mu g/30 g = 1/10^7$）と計算されます。

　複雑怪奇な水溶液ともいえる海水から微量成分であるウランを採取して『海水産ウラン鉱石』をつくろうというのは至難の業であることは冷静に考えれば誰でもわかることです。しかし，わたしが修士課程を修了するには何が何でも海水からウランを採ってみせるしかありませんでした。そこで，自作できるウラン採取用吸着材として「含水酸化チタン（$TiO_2 \cdot xH_2O$）」という無機化合物の沈殿（固体）を使いました。硫酸チタン（$Ti(SO_4)_2$）水溶液とアルカリ（NaOH や $NH_3$）水溶液とを混ぜるだけで含水酸化チタンの沈殿をつくることができました。しかし，ウランを吸着させた含水酸化チタンの沈殿を酸に浸してウランを溶離させたときに，吸着材である含水酸化チタンの一部が溶け出し

図 5-2 海水からウランを捕まえるアミドキシム基

たので,わたしはやむなく実験を中断しました。修士論文の審査はウランを吸着したというところまでで修了を許してもらいました。

## 講演のスライド係であったからこその幸運

　熊本大学工学部工業化学科の教授でいらした江川博明先生が海水からウランを選択的に捕える化学構造としてアミドキシム基を見つけました。アミドキシム基は,図 5-2 のように,シアノ基(-CN)にヒドロキシルアミン($NH_2OH$)を付加させてつくります。江川先生は,海水ウラン採取用高分子製吸着材をつくるために,シアノ基をもつビニルモノマーであるアクリロニトリル($CH_2=CHCN$)と架橋構造をもたらす試薬(ジビニルベンゼン)を混ぜて重合させたビーズをつくり,その後,アミドキシム基を導入しました。このビーズをたくさん詰めたカラム(円筒)に海水を流通させて海水からウランを採取しました。このとき,二つのアミドキシム基が $UO_2(CO_3)_3^{4-}$ から三つの炭酸イオン $CO_3^{2-}$ を外してウラニルイオンを挟んで捕まえると考えられます。

　わたしは大学で応用化学科に入学しましたが,2 年生の後半から化学工学コースを選んだので,「高分子化学」を習っていませんでした。ですから,含水酸化チタンは文献をまねてかろうじてつくることができましたが,アミドキシム樹脂は江川先生の文献をまねてつくれる自信はなく,作製を諦めていました。

　35 年前,わたしがある講演会のスライド係をしているときに,「放射線グラフト重合法によるアミドキシム吸着材の作製」という題目の講演を聴きました。その講演で,わたしはアミドキシム吸着材を簡単に,かつ大量につくれるという放射線グラフト重合法の特長を知り,すぐに日本原子力研究所高崎研究所(当時の通称,原研高崎,現在は量子科学技術研究開発機構高崎量子応用研究所)を訪ね,免許皆伝を願い出ました。そのとき,アミドキシム吸着材のつくり方を教えてくださったのが,当時,原研高崎の研究員でいらした須郷高信氏(現在,(株)環境浄化研究所の社長)でした。

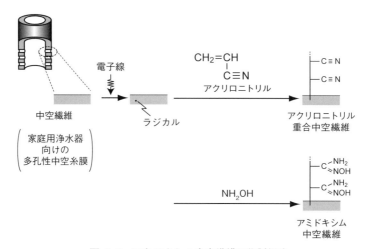

図 5-3　アミドキシム中空繊維の作製経路

## 太平洋沿岸で海水を汲み上げてウランを採った

　わたしたちの研究グループは，家庭用浄水器にろ過膜として使用されていたポリエチレン製多孔性中空糸膜（以後，中空繊維）を出発材料にしてアミドキシム中空繊維（内径 0.32 mm，外径 0.46 mm，長さは自由）をつくりました（図 5-3）。それを内径 1 cm，長さ 15 cm のカラム（円筒）に海水の流れと平行になるようにぎっしりと詰め，さらに，そのカラムを 6 本直列につなげました。できあがった 90 cm 長さのカラムを垂直に立てて太平洋沿岸に設置しました。ポンプを使って海水を汲み上げて砂ろ過した後，カラムの下から上向きに流速 4 cm/s（滞留時間で 22.5 秒）で 30 日間ずっと流しつづけました（図 5-4）。この間，海水の平均温度は 27 ℃ でした。

　カラムの入口と出口での海水中のウラン濃度を測定して，その差からアミドキシム中空繊維へのウラン吸着量を算出しました。1 ヵ月間，海水を流しつづけると，図 5-5 に示すように，ウラン吸着量はアミドキシム中空繊維 1 kg に約 1 g（正確には 0.97 g-U/kg）となりました。この値はウラン含有率でいうと約 0.1 % ですから，低品位とはいうものの『海水産ウラン鉱石』をわたしたちは手に入れたわけです。

　その後，『海水産ウラン鉱石』の詰まったカラムに 1 mol/L の塩酸を流して

5.1 海水からのウランの採取　101

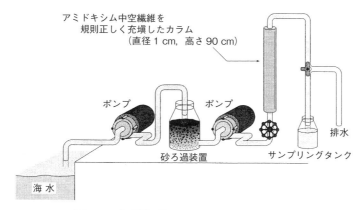

図 5-4　太平洋沿岸に設置したウラン吸着装置

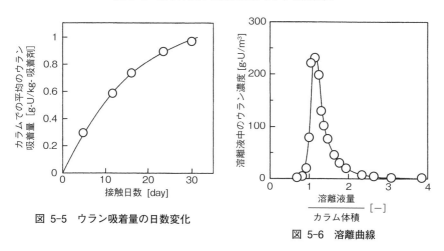

図 5-5　ウラン吸着量の日数変化

図 5-6　溶離曲線

カラム出口から流れ出る塩酸中のウラン濃度を測定しました。縦軸にウラン濃度，横軸に流出した溶離液（塩酸）量をとると，図 5-6 に示すように，ウラン濃度の山が現れました。山のピークのウラン濃度は 230 mg-U/L，裾野の分の塩酸を集めて平均するとそのウラン濃度は 45 mg-U/L でした。この値は海水中のウラン濃度 0.003 mg-U/L の約 14,000 倍に相当します。アミドキシム中空繊維にはカルシウムもマグネシウムも吸着してきます。それらは薄い塩酸（0.01 mol/L）をカラムにあらかじめ流して溶離させておきます。そうしておくと，ウランの純度を高めることができるからです。

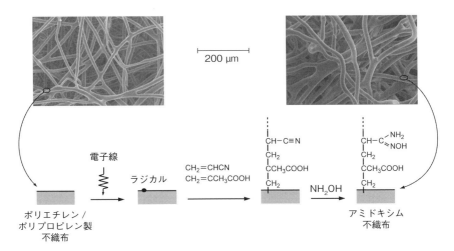

図 5-7　アミドキシム不織布の作製経路

## 太平洋に吸着材を浸してウランを 1 kg 採った

　須郷さんの研究グループは，出発材料にポリエチレンとポリプロピレンの混紡不織布を選び，アミドキシム不織布を作製しました。作製経路は図 5-7 のとおりです。このアミドキシム不織布（厚さ 0.2 mm）を 29 cm×16 cm に切り，不織布と不織布の間に同一サイズのスペーサー（網目の開いたプラスチック製ネット）を挟んで，海水が 2 枚重ねのアミドキシム不織布の間に出入りするようにしました。この不織布 120 枚とスペーサー 59 枚を重ねて一つのカセットをつくりました。このカセットを，図 5-8 のように，4 m 四方の金属製の枠に 144 個配置しました。不織布は総計で 120×144 = 17,280 枚になりました。この枠を 1.5 m の間隔で離して三つ縦につなげて，青森県むつ市関根浜沖 7 km 地点の太平洋の海中（海面下約 40 m）に吊り下げ浸しました。このとき，装置が移動しないように，ブイとアンカーを使って係留しました。

　1 ヵ月後，この係留した装置を吊り上げると，浸す前は白い色をしていた不織布は全体にわたって一様に茶色に変わっていました。アミドキシム不織布カセットを規則正しく配置した 4 m 四方の枠の中に，海流，潮流，そして波浪の力で海水が内部まで侵入し，ウランをアミドキシム基へ供給したことがわか

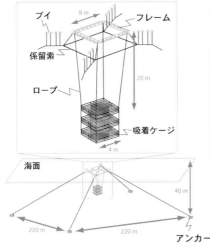

図 5-8 太平洋上での海水ウラン採取のためのアミドキシム不織布係留装置

ります。なお、この茶色は調べてみると、ウランの色ではなく、鉄の色でした。鉄もアミドキシム基へ吸着するので、吸着材の茶色の着色はウランが採れた証拠となります。鉄はウランのマーカーと見なせますから、これはこれでよいのです。

ウランを吸着したアミドキシム不織布を酸に浸すと、茶色は消え、元の白色に戻りました。鉄もウランもアミドキシム基から外れたのです。このときに、ウランはウラニルイオン $UO_2^{2+}$ として酸に溶けています。その後、アミドキシム不織布を水で洗って再び、海に沈めてウランを捕まえます。吸着、溶離、そして洗浄という一連の操作を繰り返して、ウランが濃縮された溶離液を溜めておいて、それをさらに濃縮・精製します。こうして原発のウラン燃料の中間原料であるイエローケーキ (yellow cake) ができあがります。

須郷さんの研究グループは、2003年に1年に及ぶ係留を経て、1 kgのイエローケーキ分のウランを太平洋の海水からつくりました。この研究成果を基にして、さいとう・たかをさんが「ビッグコミック」のゴルゴ13で「原子養殖」というタイトルの一話を創作しました（リイド社刊、SPコミックス第136巻、図5-9）。日本では東京電力福島第一原子力発電所のメルトダウン事故以来、原発の再稼働がなかなか進みません。その代わりにLNG（液化天然ガス）

図 5-9 『ゴルゴ 13』の一話「原子養殖」で紹介された放射線グラフト重合法
［ゴルゴ 13「原子養殖」より（リイド社刊，SP コミックス第 136 巻所収）
© さいとう・たかを／さいとう・プロ／小学館ビッグコミック連載中］

を燃やして電気をつくっています。アメリカや中国では，将来の世界的な電力需要の増加と二酸化炭素の排出量の削減圧力の増大を見越して，原発燃料の確保のため，海水ウラン採取の研究を着実に進めています。そこでは，日本の多くの研究者の地道な研究成果が引用されています。

### 発表論文

1) K. Saito, K. Uezu, T. Hori, S. Furusaki, T. Sugo, and J. Okamoto, Recovery of uranium from seawater using amidoxime hollow fibers, *AIChE J.*, **34**, 411-416 (1988).
2) T. Takeda, K. Saito, K. Uezu, S. Furusaki, T. Sugo, and J. Okamoto, Adsorption and elution in hollow-fiber-packed bed for recovery of uranium from seawater, *Ind. Eng. Chem. Res.*, **30**, 185-190 (1991).
3) K. Sekiguchi, K. Saito, S. Konishi, S. Furusaki, T. Sugo, and H. Nobukawa, Effect of seawater temperature on uranium recovery from seawater using amidoxime adsorbents, *Ind. Eng. Chem. Res.*, **33**, 662-666 (1994).
4) N. Seko, A. Katakai, S. Hasegawa, M. Tamada, N. Kasai, H. Takeda, T. Sugo, and K. Saito, Aquaculture of uranium in seawater by a fabric-adsorbent submerged system, *Nuclear Technology*, **144**, 274-278 (2003).

## 5.2 富士山湧き水からのバナジウムの採取

### 転んでもただでは起きないタンニン酸固定繊維

以前に（第4章4.1），緑茶抽出液からカフェインを除去するために，タンニン酸を固定した繊維を作製しましたが，カフェインの吸着容量がライバルである酸性白土に比べて1/5程度なので性能不足によって敗退しました。悔しいので，他の使いみちを考えていたところ，「タンニン酸を固定した糸をバナジウム液に浸し，"スーパーブラック"染色」という見出しの山梨県産業技術センター富士技術支援センター（通称，シケンジョ）の記事をインターネットで見つけました。「そうか，タンニン酸はバナジウムと結合するんだ。ということは，タンニン酸固定繊維はバナジウム吸着材になるはずだ！」

そういえば，前項5.1で述べたように，アミドキシム型キレート吸着材を使って海水からウランを採ったときに，バナジウムの吸着量はウランのそれの倍でした。さらに，思い出したことには，わたしがアミドキシム型キレート吸着材をつくり始めた30年前，宮崎医科大学の坂口孝司先生が海水ウラン採取

用吸着材として固定化柿渋タンニンを提案していました。

ウラン（U）からバナジウム（V）へ話を戻します。バナジウムといえば，富士山の湧き水に含まれていて，それをセールスポイントにしている天然水が多種，販売されています。インターネットで調べてみると，バナジウム濃度が180 ppb（μg-V/L）という高い値の天然水もありました。千葉大学の近くのスーパーマーケットで売っているバナジウム入り天然水のバナジウム濃度は60 ppbです。海水中のバナジウム濃度はウランのそれより1 ppb低くて2 ppbですから，この60 ppbというバナジウム濃度の高さは驚きです。

海水と富士山湧き水とでは，競合するイオンの種類も量もまったく異なります。バナジウムを採取するには海水より湧き水を相手にしたほうが相当に有利でしょう。競合イオンも少なくて薄く，バナジウムは濃いからです。それで，「富士山湧き水からタンニン酸固定繊維を使ってバナジウムを採取する」テーマが立ち上がりました。わたしたちの研究グループが「転んでもただでは起き上がらない」ことを示すチャンスです。カフェインを除去しようとしてつくったタンニン酸固定繊維では性能不足で「転びました」しかし，それをレアメタルの一つであるバナジウムの採取に応用できそうになり「起き上がりました」。

「バナジウムを採れるぞ！」とはしゃいでいられるのは一瞬です。タンニン酸固定繊維を使って湧き水からバナジウムを吸着し，その後，繊維からバナジウムを溶離させます。さらに，濃縮操作を経て固体のバナジウム化合物を得たときに，そのバナジウムコストが現在のバナジウム取引価格を下回らないと実用化へ進めません。それはそれとして，乗りかかった船『タンニン固定繊維丸』の吸着性能を評価しました。

**タンニン酸含有率25 %**

GMAグラフト重合繊維（グラフト率132 %）（20ページ参照）にタンニン酸を固定する経路を図5-10に示します。最終的にタンニン酸の含有率（タンニン酸固定繊維中のタンニンの重量%）は25 %でした。GMAグラフト鎖中のエポキシ基が，タンニン1分子の中に25個あるフェノール性ヒドロキシ基といくつ反応しているのかわかりません。タンニン酸が固定されると繊維の色は白から茶に変わりました。

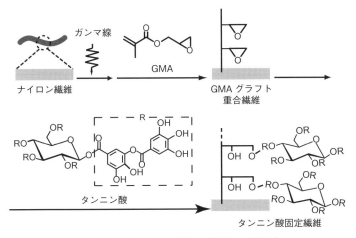

図 5-10　タンニン酸固定繊維の作製経路

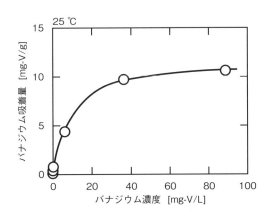

図 5-11　タンニン酸固定繊維のバナジウムに対する吸着等温線

いよいよ，バナジウム水溶液に，液繊維比を変えてタンニン酸固定繊維を投入し，吸着平衡に達するまで振とうしました。液中のバナジウムの減少量から繊維に吸着したバナジウム量を算出しました。平衡時の吸着量と液濃度との関係（吸着等温線）を図 5-11 に示します。実験値を Langmuir 式で整理しました。

バナジウムがタンニン酸固定繊維に吸着すると，吸着量が多いほど，黒色が

濃くなりました。吸着の機序を考えました。液中のバナジウムによってタンニン酸中のフェノール性ヒドロキシ基が還元されてケトン基に変わります。次に，溶存形態が変わったバナジウムがフェノール性ヒドロキシ基に捕捉されます。

## 湧き水から全部採っても足りず

市販の富士山湧き水に24時間，タンニン酸固定繊維を浸漬させ，その後，塩酸に1時間，繊維を浸すことによって，繊維に吸着していたバナジウムを定量的に溶離することができました。さらに，再び，吸着操作をしたとき，1回目と同じ量のバナジウムを捕捉できました。3回の繰返しでも吸着量は一定でした（図 5-12）。

大雑把に，バナジウムの年間採取量を計算してみます。富士山湧き水の量は1日に300万トンのようです。タンニン固定繊維を使うと24時間の接触で70％の採取率です。バナジウム濃度を60 ppb（mg/トン）とすると，1日の採取量は

$$3 \times 10^6 \times 60 \times 10^{-3} \times (70/100) = 126 \text{ kg-V} \tag{5-1}$$

これを1年間365日，フル操業で採ります。45トン-Vと計算されました。

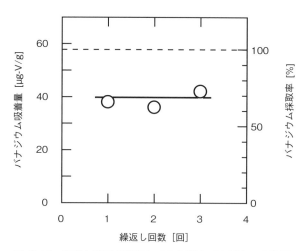

図 5-12　吸着と溶離の繰返しでの各回のバナジウム吸着量

一方，日本で1年間に使用されているバナジウムの量は4,000トンです。「えっ，そんなにバナジウム必要なの！」と驚いても手遅れです。もともとカフェイン除去用に作製した吸着材の転用なので，こうした大雑把な計算が後回しになっていました。こうなると，「濃度は薄くても量の多い海水から採る」という路線に移りたくなります。それはそれでたいへんなのですが…

## 発表論文

1) 山上和馬，矢島由莉佳，若林英行，藤原邦夫，須郷高信，河合（野間）繁子，梅野太輔，斎藤恭一，タンニン酸固定繊維を用いた富士山湧き水からのバナジウムの採取，日本海水学会誌，**72**，329-331（2018）．

110　第 5 章　採取の巻

コーヒーブレイク

# 汚れにくい高分子界面

## 3 大汚れ

　大学の同級生だった I 社の K 君から「汚れにくい材料をつくってよ」と依頼されました。「汚れにくい」といわれても大雑把な話なので，「何の汚れ？」と問い合わせました。「靴墨，口紅，コーヒーの 3 大汚れだよ」という返事でした。確かに手ごわい汚れだ。この三つの汚れから高分子の表面を守れたら，車の内装材料に使えるということでした。

　同じ頃，下水の浄化処理の仕事をしている K 社から，長く水に浸したときに汚れにくい高分子表面をつくってほしいという要請がありました。こちらも詳しく説明してもらうと，MBR（membrane bio-reactor）（図 1）という水処理技術で使う活性汚泥槽内に浸漬する高分子膜の表面を，放射線グラフト重合法によって改質してほしいということでした。汚れの原因となる成分が吸着しにくいグラフト鎖を MBR 用の高分子膜の表面に付与する仕事でした。

## 片手間にはできそうもなく撤退

　何はさておき，このテーマを担当する学生と一緒に，K 社が担当している大阪の下水処理場に MBR の見学に出かけました。そこは大きな川に沿った東京ドー

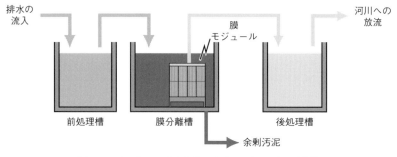

図 1　メンブレンバイオリアクター（MBR）の構造

ムほどの床面積をもつ広々した施設でした。周辺の地域から集めた下水を規制値未満に浄化して川に流すわけです。住宅の台所，洗面所，風呂，トイレなどからの排水が下水です。さまざまな商店からの排水も流入します。

下水にはさまざまな有機物が溶け込み，粒子も混ざっています。大きなゴミ（浮遊物）を取り除いた後，液中の有機物を，槽内で培養した微生物に分解してもらいます。培養槽内に多孔性高分子膜を浸漬して槽外側を減圧にします。すると，微生物は多孔性高分子膜の孔を通れないので槽内に留まり，浄化された水は多孔性高分子膜の孔内を通り抜けて槽外へ取り出されます。吸引によって生じる膜の外側と内側の圧力差が浄化水の透過の駆動力です。このように，培養槽と多孔性高分子膜（孔の大きさからの膜の分類では精密ろ過膜）を組み合わせた装置が MBR です。この MBR のおかげで川が汚れずに済んでいます。

MBR に浸漬する多孔性高分子膜の表面にグラフト鎖を付与して，汚れを付きにくくするわけです。石原一彦（東京大学大学院 教授）先生が，細胞膜表面をまねたリン酸ベタインを有するポリマーを作製していました（K. Ishihara, *et al.*, *Polym. J.*, **22**, 355-360（1990））。リン酸ベタインは高価なのでカルボキシベタインで代用しました。ベタイン（betaine）構造（図 2）をグラフト鎖に固定したところ，タンパク質（ウシ血清アルブミン）の吸着量は確かに 1 桁分，低減しました。ただし，汚れがすべてタンパク質とは限りません。

実液での試験が必須の段階になりました。実液といっても，場所によって，季節によって，下水の水質がずいぶんと違うと K 社の研究者から聞きました。例えば，年末になると大掃除が多くなり，汚れとともにさまざまな洗剤が混ざってくるのです。対象が"複雑怪奇な液体"であることを再認識しました。この研究テーマはとても学生 1 人では進められないと気づき，わたしたちは手を引くこと

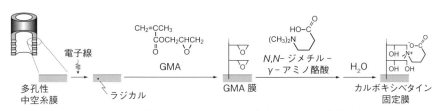

図 2　カルボキシベタインの多孔性中空糸膜への固定経路

にしました。もちろん,「靴墨,口紅,コーヒーの3大汚れ」にも対応できない高分子界面でした。グラフト鎖に靴墨や口紅が乗っかり,コーヒーが染み込んできたら,グラフト鎖はひとたまりもありません。撤退も戦略の一つといい聞かせて研究を止めました。

## 発表論文

1) A. Iwanade, T. Nomoto, D. Umeno, K. Saito, and T. Sugo, Protein binding characteristics of amphoteric polymer brushes grafted onto porous hollow-fiber membrane, *J. Ion Exchange*, **18**, 492-497 (2007).
2) 松野伸哉,岩撫暁生,梅野太輔,斎藤恭一,伊藤 一,坂本雅司,細孔表面に固定したカルボキシベタイン基による多孔性膜へのタンパク質の吸着の抑制,*Membrane (Maku)*, **35**, 86-92 (2010).

# 第 6 章

# 回収の巻

　廃棄するぐらいなら回収したほうがよいに決まっています。しかし，その回収にコストがかかるとなると，捨てているのが現状です。液中での回収対象成分の濃度が薄くて，液の総体積を掛けても，対象成分がまとまった重量にならないと装置をつくって回収するまでには至りません。利益が出るなら回収するわけですから，吸着材を安くつくり，安い溶離剤を選びます。

## 6.1 卵白からのリゾチームの回収

### 卵のゼロエミッション

　マヨネーズのQ社から「卵の白身（卵白）からリゾチームを効率よく回収してほしいのですが…」という要請がありました。Q社は契約している養鶏農家から卵を日々，大量に集めています。その卵を割って，卵黄（yolk）をマヨネーズの製造に使います。一方，卵白（egg white）は一部，リゾチームを回収し，残りは乾燥させ，粉にしてケーキ屋さんで使ってもらいます。卵殻は細かく砕いてカルシウム源としてビスケットに混ぜます。卵1個，すべて利用して，卵からのゴミの排出ゼロ（ゼロエミッション）を目指しています。

　わたしは，卵の白身にリゾチームが含まれていることさえ知りませんでした。リゾチーム（lysozyme）は別名「溶菌酵素」と呼ばれるタンパク質です。英語での読み方は「ライソザイム」です。lysis（溶菌する）と enzyme（酵素）の合成語です。この酵素には菌の細胞壁を分解，溶かす作用があります。

　一昔前（1990年頃），T社のテレビCMで「パブロン，塩化リゾチーム配合」といっていました。三田佳子さんと後藤久美子さんがそれぞれ母と娘の役

でした。風邪薬の成分の一つでした。

## 2価のイオンでグラフト鎖を架橋する

リゾチームは酵素の一つ、酵素はタンパク質の一群です。リゾチームの分子量は 14,000、当電点は 11 であることから、リゾチームはタンパク質の中ではサイズが小さいほうで、リゾチーム水溶液の pH が中性なら表面がプラスに荷電しています。したがって、中性の pH のもとで、カチオン交換体、例えば、スルホン酸型カチオン交換樹脂を使って、液からリゾチームを吸着回収できます。

わたしたちは、多孔性中空糸膜の体積全体に、GMA グラフト鎖（20 ページ参照）を付与し、そのグラフト鎖へスルホン酸基を導入したカチオン交換多孔性中空糸膜を作製しました（図 6-1）。初めから実液である卵白溶液を使わずに、モデル液としてリゾチーム水溶液（pH 9.0）を使いました。グラフト率 220 %、エポキシ基からスルホン酸基へのモル転化率 28 % の中空糸膜の内面から外面へ、リゾチーム水溶液を透過させようと、シリンジポンプの圧力を上げても液が流れてくれませんでした。困りました。

液が流れないのは、グラフト鎖に導入された、強くマイナスに荷電しているスルホン酸基（$-SO_3^-$）が隣り同士で静電反発してグラフト鎖が孔の中央に向かって伸びているので、孔が狭まるからです。そこで、2 価のカチオン（$Mg^{2+}$ や $Ca^{2+}$）が、二つのスルホン酸基をまたいで架橋し、グラフト鎖の伸長を抑えることを期待しました（図 6-2）。はじめに塩化マグネシウム水溶液を中空糸膜に透過させてから、リゾチーム水溶液を透過させると、$Mg^{2+}$ よりもサイズが大きなカチオンであるリゾチームが多点でスルホン酸基と絡んでグ

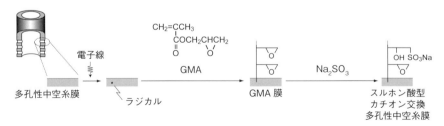

図 6-1　スルホン酸型カチオン多孔性中空糸膜の作製

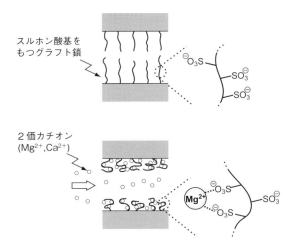

図 6-2 グラフト鎖中のスルホン酸基のイオン架橋

ラフト鎖が収縮するので，さらに，液が透過しやすくなりました。期待を越えた結果を得て感激しました。

マイナス荷電のスルホン酸基（-SO$_3$H）をもつグラフト鎖にタンパク質（ここでは，リゾチーム）が多点・多層で捕捉されるときに，グラフト鎖相が収縮して，孔が拡がり透過流束が上昇したことがとてもおもしろいと思い，プラス荷電のジエチルアミノ基（-N(C$_2$H$_5$)$_2$）をもつグラフト鎖にタンパク質（ここでは，アルブミン）が多点・多層で捕捉される場合を調べました。すると，逆に，グラフト鎖相が膨潤して，孔が狭まり透過流束が低下しました（図 6-3）。荷電基をもつポリマーブラシ（荷電性ポリマーブラシ，charged polymer brush）と巨大イオンと見なせるタンパク質との相互作用を，荷電性ポリマーブラシを内部孔に閉じ込めた多孔性膜にタンパク質水溶液を透過させ，流動抵抗（透過流束）を測定することによって，定性的に検出できる点に価値があります。実用研究から科学的知見も得られるのでした。

## ポリマーブラシに多層吸着

話をリゾチーム回収に戻しましょう。カチオン交換多孔性中空糸膜の内部の孔表面から伸びたグラフト鎖の先端に，静電相互作用に基づいて，まず，孔内

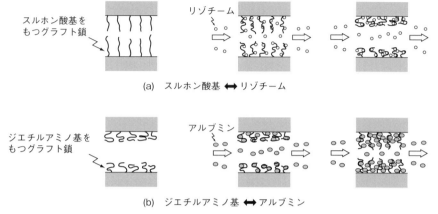

図 6-3 イオン交換グラフト鎖とタンパク質との相互作用での二つの型式

の液からリゾチームが吸着し，すぐにグラフト鎖相内をグラフト鎖の根元に向かって拡散移動します。グラフト鎖がリゾチームで一杯になったところで吸着が止まります。ポリマーブラシ部がそれなりに長いので，リゾチームの吸着量は膜 1 g あたり 0.42 g に達しました。この値は従来のカチオン交換体と比べるとずっと高い値です。この吸着量を，表面への単層吸着量に対する吸着量の比で定義される多層度（degree of multilayering）に換算すると 38 と算出されます。グラフト鎖の付与とそれに続くカチオン交換基の導入によって，吸着する『場』が二次元から三次元へ変化したのです。「平面駐車場が立体駐車場になった」と考えると納得できます。

グラフト鎖に多層吸着したリゾチームは，NaCl を 0.5 mol/L 透過させることによって，すべて溶離させることができました（図 6-4）。このとき，グラフト鎖のイオン架橋構造が失われる一方で，塩の濃度が高いので電荷遮蔽効果によってグラフト鎖は収縮します。さきほどの吸着のときのリゾチームの移動とは反対の方向へリゾチームがポリマーブラシ内を移動して溶離液中へ外れていきます。

いよいよ，この高吸着容量のカチオン交換多孔性中空糸膜に卵白溶液を透過させました。初めのうちこそ順調でしたが，そのうちにシリンジポンプの警告音がピーピーと鳴り始めました。一定流量で卵白溶液を流すのに必要な圧力が

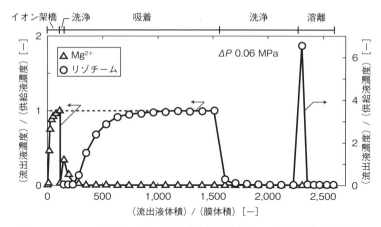

図 6-4 スルホン酸型カチオン交換多孔性中空糸膜の破過曲線と溶離曲線

シリンジポンプの上限の圧力を越えたからです。卵白溶液中のネバネバ成分であるムチン（mucin）という糖タンパク質が膜面にゲル層をつくって，液の透過抵抗を増大させました。研究を始める前からゲル層ができて詰まることを予想できなかったことを反省しました。

そんなこんなで，わたしたちの新規のカチオン交換体は Q 社でのリゾチーム回収に採用されませんでしたが，この研究を担当していた修士の学生が Q 社に採用されました。思慮が足りなかったために実験を進め，カチオン交換グラフト鎖の $Mg^{2+}$ やリゾチームによるイオン架橋（ionic crosslinking）という現象に出会えました。その絶大な効果も知りました。

## 発表論文

1) H. Shinano, S. Tsuneda, K. Saito, S. Furusaki, and T. Sugo, Ion exchange of lysozyme during permeation across a microporous sulfopropyl-group-containing hollow fiber, *Biotechnol. Prog.*, **9**, 193-198（1993）.
2) S. Tsuneda, H. Shinano, K. Saito, S. Furusaki, and T. Sugo, Binding of lysozyme onto a cation-exchange microporous membrane containing tentacle-type grafted polymer branches, *Biotechnol. Prog.*, **10**, 76-81（1994）.
3) N. Sasagawa, K. Saito, K. Sugita, S. Kunori, and T. Sugo, Ionic crosslinking of $SO_3H$-group-containing graft chains helps to capture lysozyme in a permeation mode, *J. Chromatogr. A*, **848**, 161-168（1999）.

4) T. Kawai, K. Sugita, K. Saito, and T. Sugo, Extension and shrinkage of polymer brush grafted onto porous membrane induced by protein binding, *Macromolecules*, **33**, 1306-1309 (2000).

## 6.2 酸化ゲルマニウムの回収

**PETボトルにはゲルマニウムが含まれている**

知り合いのIさんからゲルマニウム（Ge）を扱っているA社を紹介されました。「日本はゲルマニウムを海外からすべて輸入しています。その価格が高騰し，高止まりしていて困っています」という話でした。「自社工場の排水からゲルマニウムを徹底的に回収したいので，そのための吸着材をつくってほしい」という依頼がありました。ここで「わかりました。つくりましょう」と応えられませんでした。この時点で，わたしたちにはゲルマニウム回収について何のアイデアもなかったからです。

有用しかも高価な資源を工場排水から回収してリサイクルすることはもちろん大切です。しかし，その回収にお金がかかりすぎると，資源を新たに買ってきて使ったほうが安上がりなので，結局，回収されずに工場排水に混ぜて捨てられるのです。この辺りを考えて吸着材をつくります。ただただ高性能な吸着材を追いかけても，模範的な研究にはなっても実用には至りません。論文はつくれても実用品はつくれません。

酸化ゲルマニウム（$GeO_2$）はペットボトル用ポリマーであるPET（polyethylene terephthalate，ポリエチレンテレフタレート）の製造のときに触媒として使用されています。しかも，均一系触媒であるため，重合物であるPETに入り込みます。したがって，ペットボトルには微量ながら$GeO_2$が含まれています。

ポリエステルの合成では触媒として$GeO_2$の代わりに酸化アンチモン（$Sb_2O_3$）を利用することが可能です。しかし，透明度や強度の点では重合用触媒として$GeO_2$を使ったPET製品のほうが優れているそうです。

## ゲルマを採るのにゲルマトラン構造

酸化ゲルマニウム（GeO$_2$）を捕捉するのに，図 6-5 に示す化学反応を利用することを佐藤克行さん（A 社の技術部長）から提案されました。こうして金属を捕まえる構造をアトラン（atran）と呼びます。そして，金属と反応してできた構造を金属アトラン構造と呼びます。すると，ゲルマニウムを採るのに「ゲルマトラン（ゲルマ取らん）」となるわけです。

GMA グラフト鎖中（20 ページ参照）のエポキシ基にイミノジエタノール（NH(CH$_2$CH$_2$OH)$_2$）を反応させると，付加によって三つアルコール性ヒドロキシ基がぶら下がった構造ができます。これが酸化ゲルマニウムと反応します（図 6-6）。脱水反応です。この本には『吸着』に働く相互作用として，静電相互作用（イオン交換），キレート形成，疎水性相互作用，そしてアフィニティが登場しています。しかし，ここは共有結合による吸着です。溶離させたいときにはこの逆反応を起こすために酸（例えば，1 mol/L 塩酸）に浸します。加水分解が起こって GeO$_2$ が外れます。ついでながら，この構造を使って，上で述べた酸化アンチモンも捕捉できます。

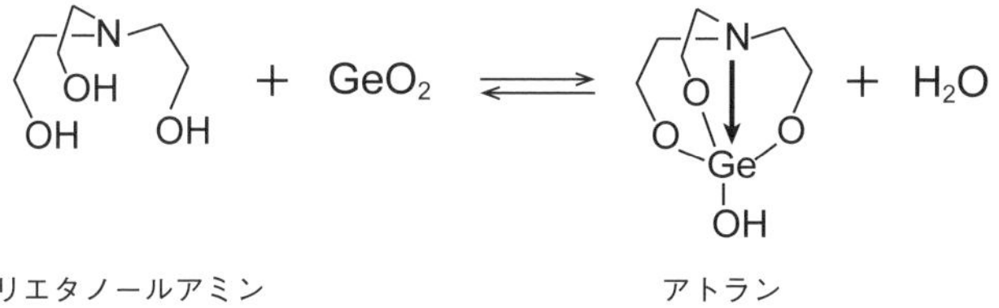

図 6-5 酸化ゲルマニウムを捕捉するアトラン構造（ゲルマトラン構造）

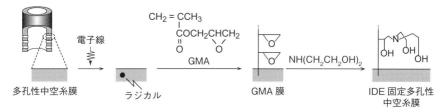

図 6-6 イミノジエタノール（IDE）固定多孔性中空糸膜の作製経路

## 中空糸膜の拡大版ワインドフィルター

グラフト率 120％の GMA グラフト多孔性中空糸膜にモル転化率 40％でイミノジエタノール（IDE）を固定しました。得られた多孔性中空糸膜を IDE 固定多孔性中空糸膜と名付けます。内径 2.4 mm，外径 4.0 mm，IDE 基密度 1.3 mmol/g でした。長さ 5 cm の中空糸膜を U 字状に張り，片端をシリンジポンプにつなぎ，もう一方の片端を閉じました。シリンジに入れた供給液である酸化ゲルマニウム水溶液（0.1 g-$GeO_2$/L）を膜の内面から外面へ透過させて，破過曲線を作成しました（図 6-7）。ここで，破過曲線の縦軸は（流出液の $GeO_2$ 濃度）/（供給液の $GeO_2$ 濃度），横軸は（流出液体積）/（膜体積）としました。透過流量を 5〜50 mL/min の範囲で変えても，いい換えると，膜孔内を通り抜ける液の滞留時間を 3.7〜0.37 秒の範囲で変えても，破過曲線は見事に重なりました。

脱水を伴う反応が起きて $GeO_2$ がグラフト鎖に捕捉されるので，液の滞留時間に依存して破過曲線の形が変わると予測しましたが，ここでも理想的な捕捉，「液を速く透過させるとそれだけ捕捉速度が速くなる」という現象が起き

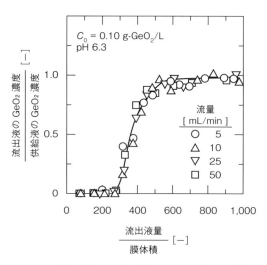

図 6-7　IDE 固定多孔性中空糸膜の $GeO_2$ に対する破過曲線

ました。イオン交換，キレート形成，加水分解反応という吸着のメカニズムは異なっても，それらに要する時間が滞留時間に比べてずっと短いからです。

IDE 固定多孔性中空糸膜を IDE 固定繊維に切り替えて，その繊維をプラスチック製の芯に巻いてワインドフィルター（内径 3 cm，外径 7 cm，長さ 25 cm）をつくりました。できた代物は中空糸状多孔性膜の 20 倍拡大版です。このフィルターは工場排水からの $GeO_2$ の回収に利用されています。吸着した $GeO_2$ は酸を使って容易に溶離されますから，その後，水洗して，再び $GeO_2$ の吸着に使っています。ワインドフィルターの繊維の隙間（200 μm）の中空糸膜の孔径（0.1 μm）に対する比は，ワインドフィルターの層厚さ（20 mm）の中空糸膜の厚さ（0.8 mm）に対する比に比べると，ずいぶんと大きいので，ワインドフィルターでは流量を速くすると破過曲線の形がわるくなります。

PET 製品が世界中で身の回りでこれだけ使用されているので，その原料である PET の製造用触媒として用いられている $GeO_2$ は $Sb_2O_5$（酸化アンチモン）での代替はあるとしても，回収されているはずです。いまのところ，問い合わせはありませんが，少なくとも，A 社の佐藤さんは IDE 固定繊維ワインドフィルターを使って，自社工場の排水から $GeO_2$ を回収しています。

### 発表論文

1) 佐藤克行，秋葉光雄，白石朋文，須郷高信，斎藤恭一，キレート繊維フィルターを用いる酸化ゲルマニウムの回収，日本イオン交換学会誌, **18**, 9-13（2007）.
2) I. Ozawa, K. Saito, K. Sugita, K. Sato, M. Akiba, and T. Sugo, High-speed recovery of germanium in a convection-aided mode using functional porous hollow-fiber membranes, *J. Chromatogr. A*, **888**, 43-49（2000）.

## 6.3 工場排水からの貴金属の回収

### 貴金属とはいえ薄ければ捨てられる

貴金属は英語で noble metal といいます。特に，貴金属のうち，白金族元素は六つ（ルテニウム Ru，ロジウム Rh，パラジウム Pd，オスミウム Os，イリジウム Ir，そして白金 Pt）あり，PGM（platinum group metal）という略語

で呼ばれています。一方,「貴」金属に対して「普通の」金属という用語があります。こちらは英語で common metal です。「ありふれた」金属のことです。普通の金属の代表は鉄,アルミニウム,そして銅です。

貴金属メーカーのT社のSさんから「自社工場の排水には微量ながら貴金属が入っていて海に捨てています。もちろん排水規制値未満の濃度です。コストが合うなら回収したいのですが…」という話を聞きました。「それはもったいない話だ」と思いました。

### 1,000 mg 配合のタウリンは両性電解質だった

身の回りの化学物質が吸着材づくりに役立つことがあります。わたしは,ある暑い夏の日,大学の近くのドラッグストアでリポビタン D® (大正製薬(株))が10本入った箱を1箱買って研究室へ帰りました。その箱専用のビニール袋に印字されていたタウリンの化学構造 $NH_2CH_2CH_2SO_3H$ に衝撃を受けました。リポ D に 1,000 mg,すなわち 1 g,配合されているタウリンの化学構造がたいへん単純で,しかもアミノ基とスルホン酸基を分子内に併せもつ両性電解質であることを知ったからです。

わたしたちの研究グループは,エポキシ基をもつ高分子(ポリ GMA)鎖(20ページ参照)を現存する高分子材料にこれまで接ぎ木してきましたから,エポキシ基とたやすく反応するアミノ基に敏感で,アミノ基をもつ化合物が現れるとすぐ反応させたくなります。早速,GMA グラフト多孔性中空糸膜にタウリンを反応させてタウリン固定多孔性中空糸膜をつくりました(図 6-8 (a))。『リポ D』膜の出現です。勝手に命名しました。

亜硫酸ナトリウム($Na_2SO_3$)をスルホン化剤として用いた図 6-8(b)に示す経路で"普通の"スルホン酸基を導入した多孔性中空糸膜の場合,隣接するスルホン酸基の間のマイナス電荷の反発によって高分子鎖が大きく伸長して,細孔が埋まります。いい換えると,細孔直径が減ります。そのため,ジリンジに入れた水をシリンジポンプを使って多孔性膜の内面から外面へ押し込むのに相当に大きな圧力が必要でした。一方,タウリン固定多孔性中空糸膜の場合,スルホン酸基のマイナス電荷が,近くにあるアミノ基のプラス電荷によって一部中和されるため,高分子鎖の伸長が抑えられてそれほどに細孔が狭まりませ

6.3 工場排水からの貴金属の回収    123

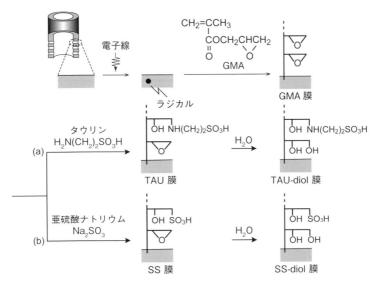

**図 6-8** (a) タウリンを使うスルホン酸型多孔性中空糸膜の作製経路
(b) 亜硫酸ナトリウムを使うスルホン酸型多孔性中空糸膜の作製経路

ん．したがって，多孔性膜へ水を押し込むのに必要な圧力も低くてすみました．

### 白金だけを捕まえる膜を持って来てください

　タウリンでうまい仕事が一つできたので，身の回りでよく知られた物質をグラフト鎖に導入して吸着材をつくれないかなと思うようになりました．第4章「除去の巻」4.5 の「汚染水からのルテニウム（元素記号 Ru）の除去」で紹介しましたように，DNA の構成成分の一つである核酸塩基が白金族金属（PGM）を捕捉するはずと考えて，わたしたちは吸着材をつくりました．核酸塩基の一つアデニンを多孔性中空糸膜へ固定する経路を図 6-9 に示します．調べたところ，核酸塩基を固定した樹脂ビーズは市販されていませんでした．

　アデニン固定多孔性中空糸膜をシリンジポンプの先に取り付けて，シリンジに入れた塩化パラジウム溶液（1 mol/L 塩酸）を膜の内面から供給して圧力をかけ，外面まで透過させました．その外面から流出した液を連続的に採取し

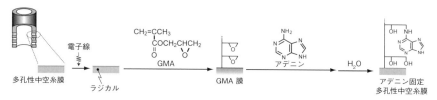

図 6-9 多孔性中空糸膜へのアデニンの固定

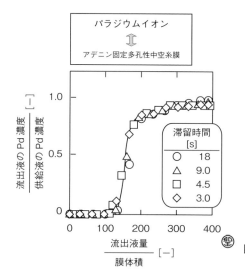

図 6-10 アデニン固定多孔性中空糸膜の Pd イオンに対する破過曲線

て，パラジウムを定量しました。縦軸に流出液の Pd 濃度を供給液の Pd 濃度で割った値（流出液の無次元 Pd 濃度）を，横軸に流出液量を膜体積で割った値（無次元流出液量）をとった破過曲線（無次元破過曲線）を作成すると，Pd 水溶液の透過流量によらずに破過曲線がきれいに重なりました(図 6-10)。いい換えると，「液を速く流すと，それだけ速く膜に Pd が吸着する」という理想的な吸着操作を実施できることがわかりました。

アデニン固定多孔性中空糸膜に $PdCl_4^{2-}$ の形で吸着したパラジウムは，4 mol/L 塩酸を使って定量的に溶離できました。一方，この吸着材は，パラジウムに比べて，白金はあまり吸着しませんでした。担当学生の吉川聖君を連れて，T 社の工場を訪ね，他の樹脂では実現できないこの新しい核酸塩基固定吸

着材の性能を売り込みました。プレゼンが終わると，相手に開口一番「わたしたちのほしいのは白金の吸着材です」といわれ，わたしたち二人は，トボトボと研究室に帰ってきたのです。

　当時（20年前）とは産業構造も変わり，電子材料や電池の部材に使う白金族元素の種類や需要も変化しています。当時は，白金の方がパラジウムより値段が高かったのですが，現時点ではパラジウムの方が白金より約3割高（2018年10月18日現在）になっています。そこで，アデニン固定吸着材の使い途があると期待しているのですが…。

### タウリン，タンニン，アデニン

　この本には，身の回りの化学物質を吸着材中の官能基として使う例が三つ登場します。タウリン（taurine），タンニン（tannin），そしてアデニン（adenine）です。身の回りにあるということは高価ではないということですから，グラフト鎖に導入，固定するには都合がよいのです。しかしながら，シーズ（よい吸着材ができたんですが，使い途ありませんか？）から入ると，よいニーズ（これ吸着したいんですが，吸着材ありませんか？）には出会えません。一方，ニーズから入ると成功の確率が高まります。しかし，こんどは官能基が思うように見つかりません。世の中はそんなもんです。

### 発表論文

1) T. Yoshikawa, D. Umeno, K. Saito, and T. Sugo, High-performance collection of palladium ions in acidic media using nucleic-acid-base-immobilized porous hollow-fiber membranes, *J. Membr. Sci.*, **307**, 82-87 (2008).
2) K. Miyoshi, K. Saito, T. Shiraishi, and T. Sugo, Introduction of taurine into polymer brush grafted onto porous hollow-fiber membrane, *J. Membr. Sci.*, **264**, 97-103 (2005).

> コーヒーブレイク

# 虫歯予防食品添加物

### 研究テーマは結婚披露宴で見つかる

　大学の教員をしていると，卒業生の結婚式や披露宴に招待されることがよくあります。そして，主賓の挨拶や乾杯のスピーチ付き発声，そうでないときにも，お色直しの後の最初のスピーチを依頼されます。当日の1ヵ月ほど前から挨拶の内容を考えて宴に出席します。ご両家のために宴を盛り上げようとします。

　当日，披露宴会場へ着き，お祝い袋を受付に差し出すと，テーブルの案内図をもらいます。ある披露宴で，わたしの隣は新郎の同期生でK社のKさんでした。Kさんが学生時代，わたしはその研究室の助手でした。「久しぶりだね。今，どんな仕事しているの？」と聞くと，「固体化酵素法で，ある糖をつくっています」という返事でした。

　わたしたちの研究グループはその頃，タンパク質を，多層で，いい換えると，高密度に吸着できる多孔性中空糸膜をつくっていたので，タンパク質の一群である酵素も高密度に吸着できました。「それなら，酵素固定用の担体としてよい材料がうちにあるよ」と気軽にPRしておきました。そんななかで披露宴が進行していきました。

　披露宴の週末が明けてすぐにKさんから「先日の担体のことを詳しく教えてください」という連絡が入りました。というわけで，結婚披露宴会場で同じテーブルでお互いに隣に座ったことから始まったテーマが『酵素固定多孔性中空糸膜を使う環状イソマルトオリゴ糖の製造』です。環状イソマルトオリゴ糖は虫歯予防食品添加物です。

### 無味無臭の虫歯予防食品添加物

　虫歯菌のもつグルカンをつくる酵素（グルカン合成酵素）を阻害する薬剤が環状イソマルトオリゴ糖です。環状イソマルトオリゴ糖はグルカン合成酵素の活性部位にすっぽりとはまる形をもつので，グルカンの基質の取り込みを妨害しま

す.

　さっそく,環状イソマルトオリゴ糖合成酵素を,多孔性中空糸膜に付与したグラフト鎖に吸着固定しました.しかし,酵素固定するときの酵素水溶液のpHと酵素反応するときの基質水溶液のpHが異なると酵素が欠落する可能性があるので,酵素間を架橋することにしました.この架橋にトランスグルタミナーゼという酵素を使いました.この酵素は蒲鉾の製造に使われています.架橋の後で,塩化ナトリウム水溶液で架橋されていない分を溶離させたところ,架橋された分は90%でした.上出来です.

　いよいよ,基質であるデキストランを溶かした水溶液を,環状イソマルトオリゴ糖合成酵素固定多孔性中空糸膜(早口言葉のような名称です)に透過させると,直鎖の糖(デキストラン)が環状の糖(環状イソマルトオリゴ糖)へ転化しました.ここでも酵素の多層集積度が大きいと転化率が高くなりました(図1).

　この研究はうまく進んでいきそうでしたが,Kさんから研究中断が告げられま

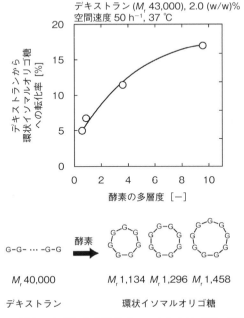

図1　デキストランから環状イソマルトオリゴ糖への転化

した。わたしはこの理由を勝手に考え出しました。『この研究が順調にいくと，無味無臭の虫歯予防食品添加物の製造コストが大幅に下がる。すると，さまざまな食品に添加されて，世の中から虫歯が減る。虫歯が減ると歯医者さんの患者数が減る。そうなると歯医者さんが困る』コンビニエンスストアの数より多い歯科医院の経営者に恨まれるでしょう。K社は歯科医師が怖い。「歯科医師（仕返し）が怖い」。なるほど，わたしは研究中断の理由に納得しました。

## 発表論文

1) H. Kawakita, K. Sugita, K. Saito, M. Tamada, T. Sugo, and H. Kawamoto, Production of cycloisomaltooligosaccharides from dextran using enzyme immobilized in multilayers onto porous membranes, *Biotechnol. Prog.*, **18**, 465-469 (2002).
2) T. Kawai, H. Kawakita, K. Sugita, K. Saito, M. Tamada, T. Sugo, and H. Kawamoto, Conversion of dextran to cycloisomaltooligosaccharides using enzyme-immobilized porous hollow-fiber membrane, *J. Agric. Food Sci.*, **50**, 1073-1076 (2002).
3) H. Kawakita, K.Sugita, K. Saito, M. Tamada, T. Sugo, and H. Kawamoto, Optimization of reaction conditions in production of cycloisomaltooligo saccharides using enzyme immobilized in multilayers onto pore surface of porous hollow-fiber membranes, *J. Membr. Sci.*, **205**, 175-182 (2002).

# 第7章

# 濃縮の巻

　「吸着」という分離操作では，低濃度の対象物質を，そのままのpH，液温度で，特異的に捕捉して，高い吸着量を示す吸着材があれば盤石です．さらに，吸着した物質を酸や塩の水溶液を使って全部，外せることができれば理想的です．そうなると，その吸着材は「スーパー吸着材」と名付けられるでしょう．

　一方，高濃度の対象物質に対して吸着操作は，抽出操作に比べて不利といわれます．それは，吸着材の吸着部位がすぐに一杯になってしまうからです．海水中に0.5 mol/Lという高い濃度で溶けている塩を濃縮する場合には，吸着材を膜の形にして吸着膜（イオン交換膜）として使い，電場をかけてイオンを移動させます．吸着膜中を透過させる「電気透析」という手法です．これなら吸着サイトは満杯のままにはなりません．

## 7.1　海水からの塩の濃縮

### 日本のふつうの食塩は砂浜でつくっていません

　「まれ」というNHKの朝ドラが放送されていました．オープニングの映像がすばらしかったドラマでした．土屋太鳳（たお）さんが演じる主人公がケーキづくりの職人に成長していく話でした．初めの頃，主人公の郷里で話が進行しました．主人公のおじいちゃんは砂浜で塩をつくる職人でした．日々の天候を気にしながら，海水を砂浜に撒いて乾燥させる．それを繰り返して塩を得ていました．

　海外旅行の番組で，フランスの北西部ブルターニュ地方や，イタリアのシチ

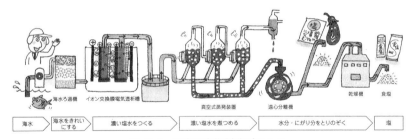

図 7-1　日本の食塩製造プロセス
［ナイカイ塩業(株)のカタログを参考に作成。野﨑泰彦社長のご好意に感謝します］

リア島の海岸を紹介するとき，そこに白く輝く広大な塩田が映し出されます。したがって，日本のどこかに大きな塩田があって食塩をつくっているとわたしたちが思っても不思議ではありません。昔は瀬戸内海を囲んで日本にも塩田は多くありました。しかし，今は全国に小規模な塩田があるだけです。まさに"まれ"にあるだけなのです。

　製塩メーカーの一つであるナイカイ塩業(株)の社長である野﨑泰彦さんは，わたしの古くからの友人です。大学院の時代に同じ研究室で同級生の仲です。野﨑さんは海外からの岩塩の攻勢に打ち勝って日本の塩の自給率を維持してくれています。

　1972年から日本の塩づくり（「製塩」と呼びます）は，イオン交換膜を搭載した電気透析装置とそれにつづく真空蒸発缶を使って大規模に行われています（図7-1）。食塩のパッケージにも，「イオン膜」，「立釜」と記されています。それぞれイオン交換膜と真空蒸発缶のことです。瀬戸内海の海水を原料にして電気を使って塩分濃度を約7倍まで濃縮した後，重油を燃やした熱で水をとばして食塩をつくっています。純度の高いNaCl（95.0％以上）なので，安全性の点から世界に誇るべき食塩です。

　公益財団法人塩事業センターが，2005年から5年間「塩製造技術高度化研究開発」というプロジェクトを立ち上げました。イオン交換膜の性能をよくして製塩コストを下げるのが目的です。放射線グラフト重合法がイオン交換膜の作製法の一つという理由から千葉大学が協力を要請されました。

## 日本の食塩のために大学に戻った三好さん

千葉大学の当研究室で大学院を修了し，L社に就職していた三好和義さんを説得して，このプロジェクトでの千葉大グループのリーダーになってもらいました。三好さんは市販の高分子製フィルムを調べ上げ，電子線照射によってラジカルが発生し，グラフト重合が進行しそうな材質のフィルムを集めました（図 7-2）。ナイロンフィルムを基材にして放射線グラフト重合法を採用し，電気透析用イオン交換膜をつくる経路の例を図 7-3 に示します。

作製を大別すると3経路です。まず，元々イオン交換基をもつビニルモノマーをグラフト重合する経路。こちらはグラフト重合が進むと，めでたくイオン交換膜のできあがりです。しかしながら，フィルムが疎水性のとき，ビニルモノマー水溶液との馴染みがわるく，グラフト重合が進みません。次は，エポキシ基をもつビニルモノマー（グリシジルメタクリレート，GMA（20ページ参照））をグラフト重合した後に，エポキシ基を陽または陰イオン交換基へ変換する経路。さらに，スチレン系のビニルモノマー（スチレンやクロロメチルスチレン）をグラフト重合した後に，イオン交換基を導入する経路。この3番目の経路は，このプロジェクトの親元である塩事業センター海水総合研究所

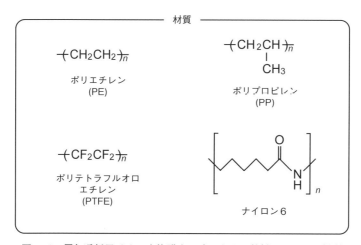

図 7-2 電気透析用イオン交換膜をつくるための基材フィルムの材質

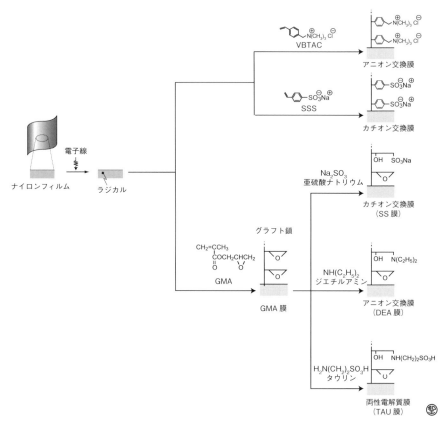

図 7-3 ナイロンフィルムを基材とする電気透析用イオン交換膜の作製経路

(略称,海水研)が採用しました。

## 高分子のフィルムに強引にイオン輸送経路をつくる

市販の高分子製フィルムを基材にして放射線照射によってフィルム全体にラジカルをつくり,そのラジカルからグラフト鎖をはやし,そこにナトリウムイオン($Na^+$)または塩化物イオン($Cl^-$)を電位勾配に沿って厚み方向に運ぶ「ちょうどよい」通路をつくることがミッションです。「ちょうどよい」というのが曲者です。通路が広すぎては他のイオン通ってしまいます。逆に,狭すぎると抵抗が大きくなります。理屈はわかっていても結局は力づくで解決するこ

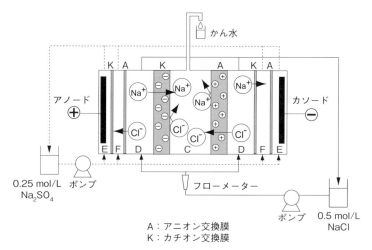

図 7-4 海水からかん水を得るための電気透析槽

とになります。

　千葉大グループは，三好リーダーのもと，3 年間にわたり延べ 7 名の学生が，基材の材質，ビニルモノマーの種類，重合反応の反応条件，イオン交換基導入の反応条件の組み合わせを片っ端から試して，カチオンおよびアニオン交換膜をつくりました。そして，現行のカチオンおよびアニオン交換膜からなる電気透析槽（図 7-4）の性能と比べたのです。塩の濃縮を目的にする電気透析での性能とは膜抵抗と濃縮室の塩化物イオン（$Cl^-$）濃度です。横軸に膜抵抗，縦軸に濃縮室の塩化物イオン濃度をとった図面上に，右上がりの直線を引きました（図 7-5）。この直線が現行のカチオンおよびアニオン交換膜のペアを使った電気透析性能を表しています。わたしたちが作製したカチオンおよびアニオン交換膜のペアの実験データがこの線を越えて上にこないとき，その膜は「失敗作」です。

## 親元グループは現行膜に大きく勝った

　現行のイオン交換膜は，高分子製の織布にスチレン系ビニルモノマーを染み込ませ，架橋剤を加えて重合させてつくります。モノマーと架橋剤の比率を最適化して膜の物理的強度を上げています。そこへイオン交換基を導入します。

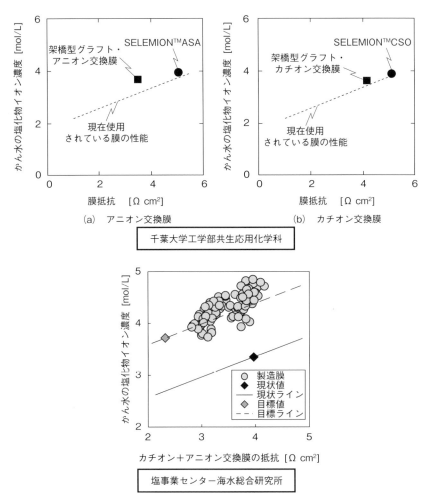

図 7-5 グラフト型イオン交換膜の電気透析性能：千葉大学 vs 塩事業センター

現行膜は多くの研究者が長い年月をかけて改良してつくりあげた，世界に誇るべきイオン交換膜なのです。ですから冷静に考えれば，市販の高分子製フィルムへ放射線グラフト重合法を適用して，現行イオン交換膜の性能を越えてみせようというのは怖いもの知らずの企てなのです。ただし，現行膜の作製法に比べて，わたしたちの作製経路は簡単な分，改良ポイントが探しやすいという利

点があります。

　いよいよ千葉大グループの成果を図 7-5 の上半分の中に示します。現行の線を越えるのに 2 年かかりました。線から少しだけ上に位置したのです。一方，海水研グループは線を楽々と越えて左上の領域に実験データが集まっています（図 7-5 の下半分）。千葉大グループは基材を高密度ポリエチレン（HDPE）フィルムとしましたが，海水研グループは基材を超高分子量ポリエチレン（UHMWPE）フィルムとしていました。

　わたしたちは UHMWPE フィルムなんて結晶の割合が多すぎてグラフト重合には不向きだと初めから思っていました。一方，海水研は，あえて UHMWPE フィルムを採用し，グラフト重合さえ進めば，それだけグラフト鎖が基材の結晶部に締め付けられるので，グラフト鎖にイオン交換基が導入されても膨潤が抑制され，その結果，水の移動が減り，塩の濃縮が進むと予測し，それを実証しました。見事な判断でした。

## この先が楽しみ

　このプロジェクトは初期の目標を無事クリアしたので，次の段階に進んでいます。千葉大グループは役割を果たし解散しました。論文をたくさん書きました。一方，海水研グループにはこれからも試練がつづきます。長期間の海水への浸漬に伴うイオン交換膜の性能劣化を調べています。UHMWPE フィルム基材といえども膜の膨潤が徐々に起きました。しかし，140 日間の浸漬後でも現行イオン交換膜の線を下回りません。現在，実海水を使った実用試験を終えたところです。

　数年後には，日本で口にする食塩のうちの半分ほどは，グラフト鎖の間を必ず潜り抜けているということになります。そうなるとグラフト関係者にはうれしい限りです。

## 発表論文

1) 三好和義，宮澤忠士，佐藤直大，梅野太輔，斎藤恭一，永谷　剛，吉川直人，電子線グラフト重合法による製塩用イオン交換膜の開発（第 1 報）フィルム基材の材質の選択，日本海水学会誌，**63**, 167-174（2009）．
2) 宮澤忠士，浅利勇紀，三好和義，梅野太輔，斎藤恭一，永谷　剛，吉川直人，電子線グ

ラフト重合法による製塩用イオン交換膜の開発（第2報）ナイロンフィルムへのビニルベンジルトリメチルアンモニウムクロライドおよびスチレンスルホン酸ナトリウムのグラフト重合, 日本海水学会誌, **63**, 175-182（2009）.
3) 浅利勇紀, 宮澤忠士, 三好和義, 梅野太輔, 斎藤恭一, 永谷　剛, 吉川直人, 電子線グラフト重合法による製塩用イオン交換膜の開発（第3報）高密度ポリエチレン製フィルムへのグリシジルメタクリレートおよびジビニルベンゼンの共グラフト重合, 日本海水学会誌, **63**, 387-394（2009）.
4) 宮澤忠士, 浅利勇紀, 三好和義, 梅野太輔, 斎藤恭一, 永谷　剛, 吉川直人, 元川竜平, 小泉智, 電子線グラフト重合法による製塩用イオン交換膜の開発（第4報）ナイロン6製フィルムを基材とした陽イオン交換膜の高分子構造, 日本海水学会誌, **64**, 360-365（2010）.
5) 石森啓太, 宮澤忠士, 浅利勇紀, 三好和義, 梅野太輔, 斎藤恭一, 水口和夫, 有冨俊男, 吉江清敬, 電子線グラフト重合法を適用した1価イオン選択透過性をもつ製塩用イオン交換膜の作製, 日本海水学会誌, **65**, 35-41（2011）.
6) 永谷　剛, 佐々木貴明, 斎藤恭一, 電子線グラフト重合法によるポリエチレン基材製塩用イオン交換膜の製造（その1）陽イオン交換膜, 日本海水学会誌, **71**, 300-307（2017）.
7) 永谷　剛, 佐々木貴明, 斎藤恭一, 電子線グラフト重合法によるポリエチレン基材製塩用イオン交換膜の製造（その2）陰イオン交換膜, 日本海水学会誌, **72**, 96-103（2018）.
8) 永谷　剛, 佐々木貴明, 斎藤恭一, 電子線グラフト重合法によるポリエチレン基材製塩用イオン交換膜の製造（その3）1価イオン選択透過性能をもつ陰イオン交換膜, *Membrane (Maku)*, **43**, 231-237（2018）.

## 7.2　河川からの17β-エストラジオールの濃縮

### 1,000倍の予備濃縮

　内分泌かく乱物質（endcrine disruptor），いわゆる環境ホルモンが世の中でたいへん騒がれました。2000年の頃です。当時，T社から「河川中の環境ホルモンの指標となる17β-エストラジオール（17β-estradiol, 図7-6）を定量するキットを売っています。精度を上げるために予備濃縮したいのです。そのための吸着材をつくってください」という要請がありました。1,000倍に濃縮したいというわけですから，1Lの河川水を吸着材に通過させて，河川水中のすべての17β-エストラジオールを捕まえた後，1mLの溶離液を使って，吸着材に吸着している17β-エストラジオールをすべて溶離させることが目標になりました。1 ppb（1 μg/L）で溶けている17β-エストラジオールを1 ppm（1 mg/L）までに濃縮し，その後，T社のキットを使って抗17β-エストラジオール抗体でさらに精製し，17β-エストラジオールの濃度を高精度で

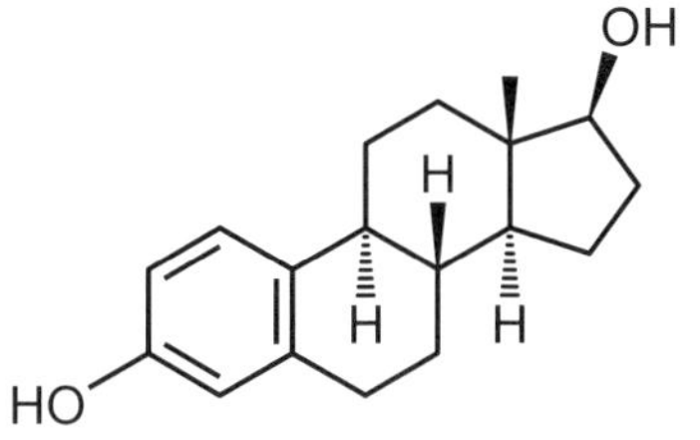

7.2 河川からの17β-エストラジオールの濃縮    137

図 7-6  17β-エストラジオール

測定しようというわけです。

## ポリクローナル抗体なら安い？

　海水に比べれば，ほど遠く希薄な水溶液ですが，河川水にもさまざまな無機イオンや低分子量有機化合物が溶けています。その中から 1 ppb レベルの濃度で溶けている 17β-エストラジオールを特異的に捕まえるなんてできないなあと困っていると，T 社の研究者から「"ポリ"クローナル抗体を提供しますよ」という提案がありました。「そんな値段の高そうな試薬を使って大丈夫ですか？」と質問すると，「"モノ"クローナル抗体ではないし，吸着材が分析用途なのでコストが高くても大丈夫だと思います」という答えだった。

　17β-エストラジオールを抗原 (antigen) として特異的に認識する抗体 (antibody) なので，抗体の名前は，抗 17β-エストラジオール抗体となります。抗体の混合物をポリクローナル抗体，均一な抗体をモノクローナル抗体と呼びます。そのため，モノクローナル抗体の方がポリクローナル抗体よりも高価です。

　抗体は分子量が 170,000 のタンパク質です。Y の字の形をしています

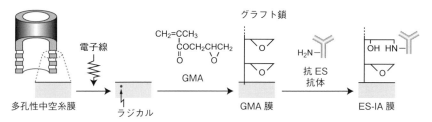

図 7-7  抗 17β-エストラジオール抗体固定多孔性中空糸膜の作製経路

(図 7-7)。この抗体をイオン交換や疎水性相互作用に基づいてグラフト鎖に固定しようとしましたがうまくいかず，結局，一番むずかしいだろうと思っていた GMA グラフト鎖（20 ページ参照）のエポキシ基に直接に抗体を反応させて固定できました。4℃で 24 時間，浸しておくだけで固定されました。抗体を形づくるアミノ酸残基のどこかのアミノ基とグラフト鎖のエポキシ基との共有結合によって固定されているのでしょう。

## メタノールを使う半破壊的溶離

透過法によって抗体固定多孔性中空糸膜の 17$\beta$-エストラジオールに対する破過曲線を測定しました（図 7-8）。中空糸膜に河川水 1 L を循環透過させることによって 17$\beta$-エストラジオールを捕捉できます。

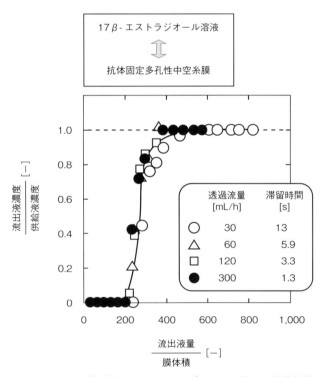

図 7-8　ES-IA 膜の抗 17$\beta$-エストラジオールに対する破過曲線

## 7.2 河川からの17β-エストラジオールの濃縮

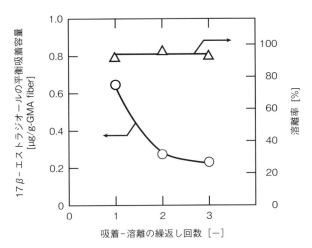

図 7-9　ES-IA 膜の吸着－溶離の繰返し利用での吸着量の変化

　河川水中の17β-エストラジオールを1,000倍濃縮するのが目的ですから，捕捉した17β-エストラジオールを全量，溶離させることが必須です。抗原と抗体という親和性（アフィニティ）の高い関係ですから，そう簡単には両者を引き離せません。そこで，アフィニティクロマトグラフィーの本に当たって調べてみると，メタノールを使ってタンパク質（抗体）を変性させるという荒っぽい方法が載っていました。早速試してみると，うまくいきました。抗原が100％外れました。

　その後，水洗して，再び，17β-エストラジオールの吸着に使いました。すると，2回目の吸着量は初回のそれの44％ほどに低下しました（図 7-9）。その後のメタノールによる溶離率は100％でした。吸着にもう1回使うと吸着量は2回目のそれの82％でした。抗体のコンホメーション（形）を崩しているので，抗原の結合部位の形が保たれないのは仕方がありません。吸着容量はそれなりにあるので，河川水中での利用なら，劣化を承知で数回使うことは可能です。

　T社の開発要請に応えて，新しい吸着材として17β-エストラジオール濃縮用の抗17β-エストラジオールポリクローナル抗体固定多孔性中空糸膜を作製できました。1Lの河川水からすべての17β-エストラジオールを捕まえて，

1 mL のメタノールで溶離させると 1,000 倍濃縮です。実用化近しと張り切っていたら，いわゆる「環境ホルモン」の騒ぎがすっかりおとなしくなってしまい，分析のニーズがしぼんでいました。わたしたちの吸着材もしぼみました。それでも，抗体固定多孔性中空糸膜を使うアフィニティ分離での高速吸着はここでも実証されました。

### 発表論文

1) S. Nishiyama, A. Goto, K. Saito, K. Sugita, M. Tamada, T. Sugo, T. Funami, Y. Goda, and S. Fujimoto, Concentration of 17$\beta$-estradiol using an immunoaffinity porous hollow-fiber membrane, *Anal. Chem.*, **74**, 4933-4936（2002）.

## 7.3 海水からのレアアースの濃縮

### 海水にもレアアース（希土類）が溶けている

わたしの研究の始まりが「海水からのウラン採取」だったこともあって，海水の組成，特に，主成分（major components）よりも微量成分（minor components）に興味があります。どこかで読んだ文献に海水は『海底のスープ』というフレーズがあり，「なるほど，海底の岩石から長い間をかけてさまざまな元素が溶け出して海水の組成が決まっているんだ」と感動しました。

ウランを海水から採る目的は原発のウラン燃料の原料にすることです。世界中どの海にもウランは溶けているので探査の必要はありません。吸着材を海水に投入してウラン鉱石に変身させようというわけです。海水にはウランの他にも，薄いながらも有用な金属資源が溶けています。その代表が希土類（名前からして希で高そうです）で，その濃度は ppb（part per billion）や ppt（part per trillion）ですから分析するのはたいへんです。海域や深さによって濃度に分布がありますから，分析試料の数が多くなります。海洋調査船という船の上で海水が採取されています。船上で分析対象を簡単に濃縮できるなら，陸上までの海水の貯蔵のためのスペースも海水の水質劣化への対策も不要になり助かるはずです。

## 液-液抽出に代わる固相抽出

　レアアースの濃縮は，これまで抽出試薬を用いた液-液抽出法で行われてきました。レアアースを特異的に捕捉する抽出試薬（例えば，HDEHP：リン酸水素ビス(2-エチルヘキシル)）を有機層に溶かし，海水と接触させて，界面で抽出試薬のリン酸基部分がレアアースを捕まえ，有機層に移動します。液-液抽出法には接触界面積が大きいという利点があります。しかしながら，水層と有機層との境目（界面）での切れがわるいとか，抽出試薬が溶解度の分は海水に溶け出すという欠点があります。

　液-液抽出法に代わる手法として抽出クロマトグラフ法（extraction chromatography）があります。これは，抽出試薬を固体に固定（担持と呼びます）して吸着材のように使おうという手法です。抽出クロマトグラフィー樹脂は吸着材の一つといえます。液体ではなく固体を使う操作に変わるのでハンドリングが楽になります。わたしたちはこの固相抽出材を放射線グラフト重合法によってつくることにしました。

　船上でのレアアースの高速濃縮を目指すので，吸引ろ過装置の利用を想定して，基材の形状には多孔性シートを採用しました。この多孔性シートは(株)イノアックコーポレーションから提供していただきました。このポリエチレン製多孔性シートは，蚊に刺された箇所に塗る液体やスポーツ後に筋肉を冷やす液体を皮膚に塗るための容器の先端に取り付ける部材として利用されています。

　ポリエチレン製多孔性シートへの抽出試薬の担持経路を図 7-10 に示します。まず，電子線を照射してラジカルをつくり，エポキシ基をもつビニルモノマーとして GMA をグラフト重合（20 ページ参照）しました。得られた GMA グラフト多孔性シートに疎水性基としてオクタデシル基（$-C_{18}H_{37}$）を導入するために，GMA グラフト鎖中のエポキシ基にオクタデシルアミン（$C_{18}H_{37}NH_2$）を付加しました。海水中のレアアースを選択的に捕捉する代表的な抽出試薬は HDEHP です。HDEHP は，リン酸基と二つの分岐したアルキル基からなりますから，そのアルキル基とグラフト鎖中のドデシル基との疎水性相互作用によって HDEHP は担持されます。

　抽出試薬がグラフト鎖に共有結合によって固定されているのではなく，アル

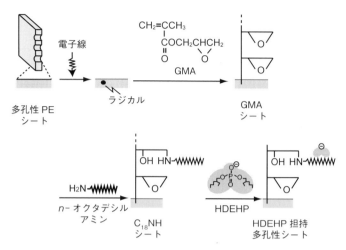

図 7-10　多孔性シートへの抽出試薬の担持の経路

キル基同士の相互作用によって担持されているので，抽出試薬はグラフト鎖の上を動くことができます。グラフト鎖に担持されているというより，グラフト鎖が液体の代わりに抽出試薬の溶媒として働きます。まるで液-液抽出のような環境なのです。

### 真の値はわからない

　実海水を，HDEHP 担持多孔性シートに透過させて，レアアースを全量捕捉しました。その後，酸を使ってシートに吸着していたレアアースを全量溶離させました。溶離液中の濃縮されたレアアースを ICP-AES（誘導結合プラズマ発光分光分析法）によって定量し，Zhang & Nozaki（*Geochim. Cosmochim. Acta*, **62**, 1307-1317（1998））が報告している海水でのレアアースの値と比べました（表 7-1）。両者の値は近いのでよしとします。海水の採取位置や季節によってレアアースの濃度は変化するので，真の値を決めるのはむずかしいのです。

### 発表論文

1) R. Ishihara, S. Asai, S. Otosaka, S. Yamada, H. Hirota, K. Miyoshi, D. Umeno, and K.

表 7-1 海水中のレアアースの濃度の測定結果

| 元素 | 原子番号 | Zhang & Nozaki[a]<br>[ng/L] | Ishihara, et al.[b]<br>[ng/L] |
|---|---|---|---|
| Nd | 144 | 2.61 | 1.77 |
| Sm | 150 | 0.53 | 0.45 |
| Eu | 152 | 0.14 | 0.12 |
| Gd | 157 | 0.78 | 0.58 |
| Tb | 159 | 0.14 | 0.12 |
| Dy | 163 | 1.00 | 0.82 |
| Ho | 165 | 0.28 | 0.23 |
| Er | 167 | 0.94 | 0.75 |
| Tm | 169 | 0.14 | 0.13 |
| Yb | 173 | 0.96 | 0.72 |
| Lu | 175 | 0.17 | 0.21 |

a) 34°30.3′N, 140°30.8′E；Date：September 1993
b) 42°10.3′N, 146°20.0′E；Date：Augusut 2007

Saito, Dependence of lanthanide-ion binding performance on HDEHP concentration in HDEHP impregnation to porous sheet, *Solv. Extr. Ion Exchange*, **30**, 171-180（2012）.

## 7.4 血液からの薬物の濃縮

**製品カタログのイラストはわかりやすい**

わたしたちの研究グループは，民間企業から吸着材についての問い合わせや要請があると，そこから，放射線グラフト重合法によって吸着材の作製を開始しました。吸着材には数値目標が初めから設定されているので，それをクリアできるように工夫してきました。

吸着材づくりを工夫していると，たまに高分子鎖の科学（サイエンス）に触れることがあります。その一例を紹介します。ポリエチレン製多孔性中空糸膜に付与したグラフト鎖の長さ方向に二つの官能基の分布をつけた仕事です。

大学の研究室のポストには毎日のように郵便物が届きます。月の初めには学会誌が集中して届きます。「日本海水学会誌」「化学工学」「日本原子力学会誌」「日本イオン交換学会誌」です。その他に，分析機器メーカーから新製品の案

内や最新情報の紹介の冊子も送られてきます。あるとき，その中に，カラムに詰めるビーズの断面の構造が拡大され描かれていました。それはビーズの設計思想が反映されたイラストでした。高分子製のビーズの外側は高い架橋構造，一方，内側は低い架橋構造をしています。そのためにタンパク質はビーズに侵入できず，低分子量の薬物（例えば，イブプロフェン）はビーズ内部に侵入してそこに導入されたイオン交換基によって捕捉されると書いてありました。『2層構造のビーズ』です。分子やイオンをそのサイズによって排除するという現象は『サイズ排除（size exclusion）効果』と呼ばれています。

スポーツ試合の前あるいは後に選手の尿や血液を採取して検査するときに，タンパク質を排除して薬物成分を濃縮するのに，2層構造のビーズは適しています。ビーズ内側に濃縮された薬物成分をすべて溶離して，クロマトグラフィーによってピークごとに分離して薬物の種類と濃度を決めるのがドーピング検査です。この場合，タンパク質はクロマトカラムの液流路を詰まらせるので嫌われています。クロマトカラムに通す前に是非ともあらかじめ排除しておきたい物質です。

## 2色アイス構造

エポキシ基をもつグラフト鎖（GMA グラフト鎖のこと，20 ページ参照）に二つの官能基を，順番を変えて導入してみたところ，タンパク質の吸着量に大きな差が出たことがヒントになって，『サイズ排除』機能付きのグラフト鎖をつくりました（図 7-11）。GMA グラフト鎖はどちらかというと疎水性ですから水中では膨潤しません。あえて水を溶媒としてイオン交換基導入反応を行うと，ゆっくりと表面から反応が進み，反応面がグラフト鎖の長さ方向の根元の方へ向かって移動します。いい換えると，反応が二次元で進みます。一方，水でなく，メタノールやイソプロピルアルコールを溶媒に使うと，グラフト鎖が膨潤してイオン交換基導入反応がグラフト鎖相の全体で進みます。反応が三次元で進みます。そうなるとグラフト鎖の長さ方向に官能基の分布をつけることができなくなります。

グラフト鎖の先端には水系で膨潤せずにしかもタンパク質を捕捉しない官能基としてジオール基（その名のとおり，二つのヒドロキシ基が並んだ化学構

7.4 血液からの薬物の濃縮　145

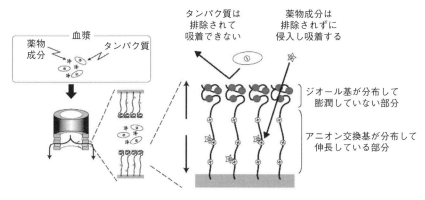

図 7-11　グラフト鎖長さ方向の『2層構造』

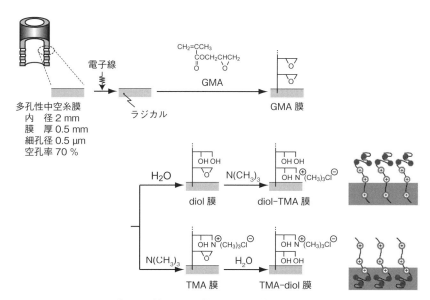

図 7-12　グラフト鎖への2種類の官能基導入の順番を変えた経路

造）を導入しました。その後でジオール基の裏側に，低分子量の薬物成分を捕捉するようにアニオン交換基（ここでは，代表としてトリエチルアンモニウム基）を導入します。こちらのアニオン交換基は隣同士のプラス電荷の静電反発によってグラフト鎖は伸長します。このときには反応の溶媒に気を配る必要は

ありません。

図 7-12 に示すように，上段の経路では 1 段目にジオール基，2 段目に TMA 基（トリメチルアンモニウム基）を導入しました。ですから，得られた材料の名称を diol-TMA 膜と名付けました。名称から反応の順番がわかります。これがサイズ排除を狙った材料になるはずです。一方，比較のため，下段の経路では官能基導入の順番を逆にしました。ですから，得られた材料の名称は TMA-diol 膜となります。両膜ともエポキシ基から TMA 基へのモル転化率を変えました。エポキシ基から TMA 基へのモル転化率が高くなるということは残りのジオール基の密度が低くなるということです。いい換えると，diol-TMA 膜なら，排除層すなわち diol 基をもつグラフト層が薄くなるということです。

### 予測どおり

いよいよタンパク質の排除と薬物成分の捕捉を実証します。diol-TMA 膜を U 字状に張り，膜の内面から外面へリン酸水溶液またはアルブミン溶液を透過させ，それぞれの破過曲線を作成しました。横軸にエポキシ基から TMA 基へのモル転化率，縦軸にリン酸またはアルブミンの吸着量をとりました（図 7-13）。リン酸吸着量はモル転化率に比例して増加しました。一方，アルブミ

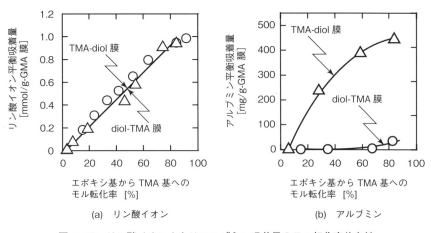

(a) リン酸イオン　　(b) アルブミン

図 7-13　リン酸イオンまたはアルブミン吸着量のモル転化率依存性

ンはモル転化率70％まで吸着せずに排除されました。グラフト鎖の先端の方に導入されたジオール基は膨潤させる効果がないので、タンパク質を透過させる隙間を与えません。

比較材料であるTMA-diol膜を使って同じ実験をすると、初めからアルブミンは吸着されました。TMA基のもつプラス荷電同士の静電反発によってグラフト鎖が膨潤しそこへアルブミンが侵入して吸着します。このとき、ジオール基はグラフト鎖の根元の方にあるので排除の役割を果たせません。

というわけで、製品カタログで見つけた「2層構造」をグラフト鎖の長さ方向でも実現できました。2020年のオリンピックに向けてドーピング検査の仕事が増えます。分析関連の会社にとって、やりがいのある仕事です。こうした会社との競争の中にわたしたちが突入していくのは賢い選択ではありません。難題を解決できる材料を放射線グラフト重合法を適用してつくりたいと思います。

## 発表論文

1) 芝原隆二，萩原京平，梅野太輔，斎藤恭一，須郷高信，多孔性中空糸膜の孔表面へのサイズ排除型グラフト鎖の付与，*Membrane (Maku)*, **34**, 220-226 (2009).

## コーヒーブレイク

# トリチウム水の除去

### 残るはトリチウム水

　東京電力福島第一原子力発電所（通称，1F，いちえふ）では，当初（2011年3月11日以後，しばらくの間），毎日400トン（m$^3$）の地下水が山（丘）側から原子炉建屋へ流入し燃料デブリ（おもに，溶融燃料）と接触して，放射性物質がわずかながら地下水に溶け込むという過程で汚染水が発生しました。また，燃料デブリを常時冷却しておくために処理水を毎日300トン循環使用しています（図 1）。

　原発所内の舗装，サブドレン水の汲み上げ，そして凍土遮水壁（通称，凍土壁）の設置によって，原子炉建屋に流入する地下水量は，2018年3月の時点で毎日100トンほどにまで減りました。いまでも毎日，発生する汚染水からALPS（Advanced Liquid Processing System）と名付けられた装置を使って62種類の放射性物質を除去しています。しかしながら，トリチウム水だけが除去できていません。

　トリチウム水とは『三重水素水』のことです。水素，重水素，そして三重水素をそれぞれH，DそしてTと表記すると，トリチウム水はT$_2$Oと表せます。水中ではHTOの形です。Hの原子核の中には陽子1個，中性子1個あるのに対して，DとTの原子核の中には陽子1個は同じでも，中性子はそれぞれ2と3個あります。H$_2$OとD$_2$Oを，それぞれ軽水，重水と呼びます。分子量は18と20です。なお，ふつうの水には重水が0.015 %（150 ppm），HDOの形で含まれています。

### ヨウ化銀を使う過冷却の低減

　H$_2$O，D$_2$OそしてT$_2$Oの凝固点は，それぞれ0，3.8そして4.5 ℃という記述を見つけました。大きな差にわたしはびっくりしました。汚染水を常温から冷やしていって，トリチウム水だけを凍らせ，そのトリチウム氷を除去すればよいの

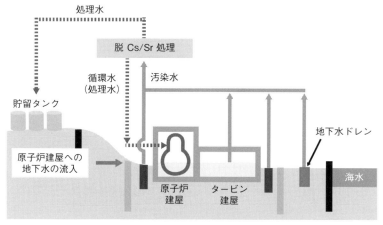

**図 1 東電福島第一原発での燃料デブリの循環冷却**
［東京電力の公式サイトで公表された情報をもとに作成］

です。しかしながら，ここで問題になるのは「過冷却（supercooling）」です。水をただ静かに冷やしていっても凝固点の0℃で凍らず，例えば，マイナス20℃でようやく凍ります。

　過冷却を低減するのに，難溶性塩であるヨウ化銀（AgI）を使った降雨の促進の現象を利用しようと思いました。ヨウ化銀の結晶構造が氷の結晶構造に似ているために，ヨウ化銀には氷核の形成を促進し，さらにはそれを吸着する機能があります。凝固点の差を利用するトリチウム水の分離に，ヨウ化銀による過冷却の低減を活用しようと考えました。トリチウム水は許可のある施設でないと取り扱えないので，重水を購入して実験を始めました。

　水，重水，そして50 (v/v)％水／重水の混合水という3種類の水をヨウ化銀の沈殿の存在下で冷やしました。すると，凝固点は，重水，混合水，水の順に低くなりました（図 2）。また，これらの水に塩化ナトリウムを0.5 mol/Lまで加えると，凝固点は下がっても凝固点の順番は変わりませんでした。ここまでは順調でした。

　しかし，たいへん残念なことに，混合水中の重水の割合を減らしていくと，その混合水の凝固点が水のそれに近づいていきました。タンクに貯蔵している水を

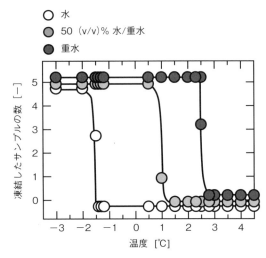

図 2　ヨウ化銀存在下での水の凝固

冷やして，うまくいくのなら，水温を下げるには凍土壁用の冷却溶媒（マイナス30℃）を利用できるのに…。

## 発表論文

1) S. Naruke, K. Fujiwara, T. Sugo, S. Kawai-Noma, D. Umeno, and K. Saito, Reduction of supercooling of heavy water with silver dioxide, *Bull. Soc. Sea Water Sci., Jpn.*, **72**, 41-42（2018）.

# 第8章

# 精製の巻

「純度が高いから薬,そうでないなら野菜を食べていればよい」といわれ,「なるほど」と思いました。純度を高めるためには,吸着操作のときに対象成分だけを捕まえる。そうでないなら,溶離操作のときに妨害成分と対象成分を分けて外すのが常道です。この場合,溶離ピークの高くして裾野が広がらないようにします。そのためには,吸着材から溶離液までの対象成分の移動距離を小さくするのが得策です。

## 8.1 魚油からのDHAの精製

### サプリメントのホームラン王「DHA」

DHAとEPAは,それぞれドコサヘキサエン酸(docosahexaenoic acid)とエイコサペンタイン酸(eicosapentanoic acid)の略で,ともに高級不飽和脂肪酸(PUFAs, polyunsaturated fatty acids)に分類されています。「ドコサ」が22,「ヘキサ」が6,そして「エン」が二重結合を表すので,DHAは図8-1のような化学構造になります。また,「高級」といっても販売価格が高いわけではなく,不飽和結合を多く含むという意味です。

DHAとEPAはサプリメントのホームラン王です。コンビニやドラッグストアに,袋に入って,目立つところに吊り下がっています。青魚(例えば,イ

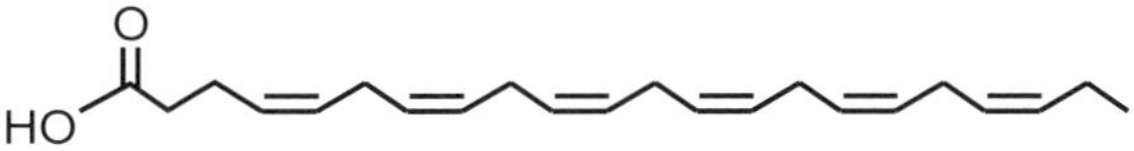

図 8-1 DHA

ワシやサバ）に多く含まれている成分で，毎日一定量を摂取すると健康を保てるとテレビ・ショッピング番組でいっています。近頃は，ユーグレナとのハイブリッド商品も登場しています。飲まないと早死にしそうです。

　マルハ（株）のM氏から研究室に電話がかかってきて，「DHAやEPAを魚油から分離精製したいので，ご相談に伺います」とのこと。それまで，DHAやEPAが高級不飽和脂肪酸であることさえ知りませんでした。現行の分離精製法を質問すると，カツオ（bonito）の眼の後ろの部位などから魚油を採り，エチルエステル化してから，酢酸銀（$AgNO_3$）水溶液を水相に使って，エチルエステル化されたDHAとEPA（それぞれDHA-EtとEPA-Etと略記）を油相から水相へ抽出しているとのことでした。銀イオン（$Ag^+$）がDHA-EtやEPA-Etがもつ二重結合部分と相互作用して引き合うので抽出が起こります。

## 固定化銀アフィニティ

　そうなると，わたしたちのできることはグラフト鎖に銀イオンを固定してDHA-Etを捕えることです。そういえば，ヒスチジン（His, histidine）標識したタンパク質（His-tagged protein）をニッケルイオンを固定したグラフト鎖で精製したことがありました。その精製法には「固定化金属アフィニティ（immobilized metal affinity）」という名がついていました。ヒスチジン標識タンパク質がDHA-Etに，ニッケルイオンが銀イオンに変更されたと思えばこの仕事はうまくいきそうでした。

　固定化された金属イオンでありながらも液中の対象成分を引き付けることが要件になります。「付かず離れず」の化学構造をグラフト鎖中につくります。$Ni^{2+}$の固定にはイミノ二酢酸基をGMAグラフト鎖に導入しました（図8-2(a)）。$Ag^+$の固定にはスルホン酸基で対応しました（図8-2(b)）。まず，ポリエチレン製多孔性中空糸膜にスチレン（St）をグラフト重合し，そのポリスチレングラフト鎖のベンゼン環にスルホン酸基を導入しました。次に，その中空糸膜を硝酸銀水溶液に浸して水でよく洗えば銀イオン固定多孔性中空糸膜のできあがりです。

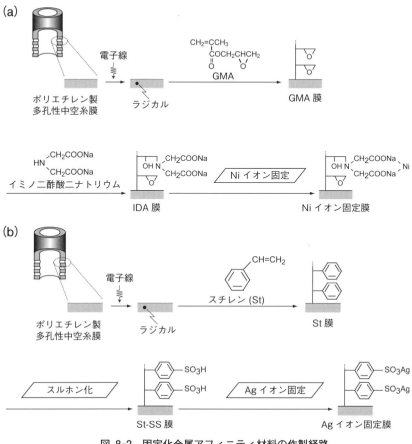

図 8-2 固定化金属アフィニティ材料の作製経路
(a) イミノ二酢酸基によるニッケルイオンの固定
(b) スルホン酸基による銀イオンの固定

## 猫の行列のできる研究室

いよいよ DHA-Et の精製です。何よりもまず，DHA-Et を分析できないといけません。マルハ(株)の M さんからガスクロ（ガスクロマトグラフィーの通称）を使えばできますといわれましたが，当研究室にはガスクロがありませんでした。茨城県つくば市にあるマルハの研究所へ出かけて定量することに決まりました。

次は，DHA-Et 精製の実験場所をどこにするかです。M さんから「千葉大学でもいいですが，魚油のニオイにつられてノラ猫が集まってきますよ。しかも魚油はあっても魚がないとわかって噛みつかれます」と脅かされました。猫好きのわたしとしては猫の行列のできる研究室を想像してうれしい気持ちになりました。しかし，周囲の学生や先生から「ギョッ，魚クサイ」とか「オレは猫毛アレルギーなんだ」とかいわれそうなので，千葉大学での実験は諦めました。このテーマの担当学生がマルハの研究所に出張し，寮に泊まりながら，本物の魚油を使って DHA-Et を精製しました。

銀イオン固定多孔性中空糸膜を U 字状に張って，中空糸膜の片端をシリンジポンプにつないで，もう一方の片端は封止しました。シリンジには，エチルエステル化した魚油液を入れました。中空糸膜の内面から外面へ，シリンジポンプから圧力をかけて，膜孔内に液を透過させました。膜の外面から流出した液中の DHA-Et とその他の脂肪酸エチルエステル（Other-Ets と略記）を定

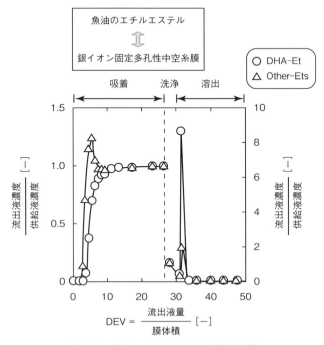

図 8-3　魚油エチルエステルの破過曲線

量しました。

## roll-up 現象

得られた破過曲線を図 8-3 に示します。破過曲線は多成分系吸着の典型的な形を描きました。図の縦軸は膜外面からの流出液の濃度を膜内面からの供給液の濃度で割った値，そして横軸は流出液量を膜体積で割った値（DEV：dimensionless effluent volume）です。横軸 DEV に沿って説明すると，初めのうちは DHA-Et も Other-Ets も膜外面には検出されません。DEV = 3 ぐらいから Other-Ets が現れ，DEV = 4 で縦軸の値が 1 を越え，DEV = 5 でピーク値が 1.24，その後，縦軸の値は減っていき 1 に収束しました。

膜内面からの供給液の濃度より膜外面からの流出液の濃度が高くなるなんて驚き，桃ノ木，"接ぎ木"です。これはグラフト鎖中に固定されている銀イオンに吸着していた Other-Ets を，銀イオンともっと親しい DHA-Et が追い出して置き換わるからです（図 8-4）。この置換吸着（displacement adsorption）と呼ばれている現象が起きていると，破過曲線に『roll-up』（巻上げ）が観察

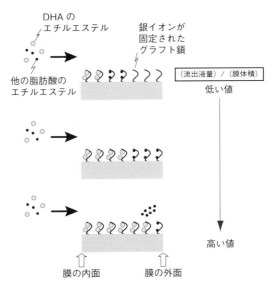

図 8-4　銀イオン固定グラフト鎖内で起きる置換吸着の様子

されます。第3章の図 3-10（a）でも登場しました。

　DEV＝4 あたりから DHA-Et が現れて、シグモイド（sigmoid）を描いて、縦軸の値がすんなりと1に達します。吸着操作の後、膜に吸着した目的成分 DHA-Et をアセトニトリル（$CH_3CN$）という有機溶媒を少量使って全部溶離させることができました。こうして DHA-Et の精製と濃縮を同時にできるわけです。

**硝酸銀は水によく溶けて勝算あり**

　固定化金属アフィニティ（ここでは、金属が銀）を利用して DHA-Et を精製できました。吸着性能がわかりましたから、次は現行法との比較です。ここまできて、ガツンと衝撃を受けます。$AgNO_3$ の水への溶解度（20℃）が 13 mol/L と大きいのです。溶解度が大きいということは DHA-Et を油相から抽出する水相の「抽出」容量が大きいということです。当方の「吸着」容量はせいぜいスルホン酸基に固定した銀イオンの密度 1.4 mol/kg です。この値では硝酸銀水溶液に勝てません。研究を始める前に調べておけばよかったのですが後の祭りです。「"硝酸"銀は水によく溶けて"勝算"あり」とかいうダジャレをいっている場合ではありません…。

**発表論文**

1) I. Ozawa, M. Kim, K. Saito, K. Sugita, T. Baba, S. Moriyama, and T. Sugo, Purification of docosahexaenoic acid ethyl ester using a silver-ion-immobilized porous hollow-fiber membrane module, *Biotechnol. Prog.*, **17**, 893-896（2001）.

## 8.2　培養液からの抗体の精製

**重金属からタンパク質への転身**

　30年ほど前から現在までずっと、旭化成(株)とわたしの研究室は共同して研究を進めてきています。初めの5年間は超純水に溶存している極微量金属イオン、例えば、銅イオンやナトリウムイオンを捕捉することを目的にして吸着材を開発しました。超純水と聞いて、十分にキレイな水だろうと思っていまし

た．ところが，Na が 1 ppb（μg/L）溶けていても，1 L 中に

$$(1/23) \times 10^{-6} \times 6.02 \times 10^{23} = 2.6 \times 10^{16} \quad (8\text{-}1)$$

という個数のナトリウムイオンが溶けています．Avogadro 数（$6.02 \times 10^{23}$）はとんでもなく大きな値なのです．というわけで半導体製造産業で部材の洗浄用の水には ppt（$10^{12}$ の割合）あるいは ppq（$10^{15}$ の割合）レベルの"超"超純水が求められているのだそうです．

旭化成(株)が市販していた精密ろ過用のポリエチレン製中空糸膜に，放射線グラフト重合法を適用しました．まず，エポキシ基を有するビニルモノマー（GMA，20 ページ参照）をグラフト重合し，次に，そのエポキシ基をカチオン交換基であるスルホン酸基($-SO_3H$)やキレート形成基であるイミノ二酢酸基($-N(CH_2COOH)_2$)に転化しました．イミノ二酢酸基をもつグラフト鎖に銅イオン($Cu^{2+}$)を吸着させた多孔性中空糸膜が表面にヒスチジン(His)残基や His 標識されたタンパク質（His-tagged protein）を捕捉できると知って，ウシ血清アルブミン（BSA：bovin serum albumin）を捕集したのが，わたしがタンパク質の分離精製の研究分野，大げさにいうと，バイオの世界の隅っこに入ったきっかけでした．ちょうどその頃，わたしが所属していた学科（東京大学工学部化学工学科）が学生から人気がなくなり，わたしのボス（教授）は「バイオのテーマ」を探すようにわたしに厳命しましたので，『渡りに船』でした．

吸着材を使ってタンパク質を分離精製する原理は四つに分類できます．静電相互作用（イオン交換），疎水性相互作用，アフィニティ，そしてサイズ排除です．イオン交換は，タンパク質がプラスに荷電しているか，マイナスに荷電しているかで，それぞれカチオン交換とアニオン交換の二つに分けられます．また，アフィニティは，抗原と抗体，あるいは酵素と基質の関係のような生物特異的（biospecific）アフィニティと，ニッケルと His 残基あるいは銀と二重結合といった擬生物特異的（pseudo-biospecific）アフィニティに大別できます．

## リニア・スケールアップ

25 年前，旭化成(株)から当研究室に社会人博士課程に入学してきた久保田昇氏はタンパク質精製の将来を予測しました．そのなかで，イオン交換多孔性

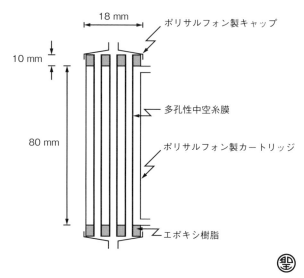

図 8-5　中空糸膜モジュール

　中空糸膜の吸着性能を，市販のビーズ状イオン交換樹脂充填カラムのそれと徹底的に比較しました。さらに，中空糸膜の実用の形として膜モジュールをつくりました（図 8-5）。そして，そのモジュールのタンパク質吸着性能がモジュールに搭載した中空糸膜の本数に比例して決まるという「あたり前で便利な」スケールアップ（scale-up）の原理を実証しました（図 8-6）。「あたり前」なのは，モジュールになっても，1 本 1 本の中空糸膜の内面から外面まで膜の孔内を通り抜けるタンパク質溶液の滞留時間が変わらないからです。

　イオン交換ビーズ充填カラムをスケールアップをするときにも，カラム高さを変えずに，断面積を増やしてタンパク質溶液を断面積全体にわたって均一に流せば，性能はビーズの量に比例して決まります。しかし，実際には，工場の床面積に制限があるので，ビーズ充填カラムの高さを高くしていきます。そうなると，カラム内の液の滞留時間が変わるのでスケールアップが少し面倒になります。

　それから 17 年が経ち，旭化成(株)の技術開発そして技術営業陣の尽力によって，アニオン交換多孔性中空糸膜は「世界初の中空糸状イオン交換体 "QyuSpeed$^{TM}$ D"」という名で 2011 年 6 月に発売されたのです。

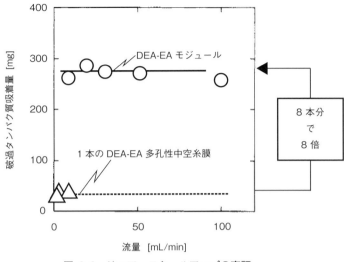

図 8-6　リニア・スケールアップの実証

## 抗体医薬品

　医薬品を低分子医薬品と抗体医薬品とに分けて考えます。低分子医薬品とは，従来から開発されてきた天然あるいは合成化合物の一群を指します。一方，抗体医薬品の分子量は 170,000 ほどのタンパク質の一つです。抗体はウサギやマウスの体内で産出してもらいます。そのとき，液には抗体だけでなく，さまざまなタンパク質が含まれています。抗体以外のタンパク質（夾雑タンパク質）を徹底的に除いて抗体の純度を高めて初めて，抗体医薬品として認められます。

　抗体の等電点（pI）を考慮して緩衝液の pH を調節すると，夾雑タンパク質の表面電荷を抗体と反対の電荷（プラスまたはマイナス）にすることができます。その後，カチオンまたはアニオン交換体を充填したカラムに流通させると，抗体は素通りさせながら，夾雑タンパク質を捕捉除去できます。

## トレンドは使い捨て

　最近は，カラムへのビーズの充填や滅菌・雑菌操作が面倒であることとそれ

に必要な付属設備にコストがかかるという理由から，製薬会社は，イオン交換材を充填したカラムを供給する会社から滅菌・雑菌済の製品を購入し，1回の使用で使い捨てにするようです。吸着性能はカラムの供給会社が保証します。カラム供給会社は，できるかぎりコストを下げるために，安価な試薬を使って工程の少ない吸着材の作製経路を探り出す必要があります。

ポリエチレン製多孔性中空糸膜はポリエチレンにわざわざ孔を開けているのでどちらかというと高い素材です。1回の使用での使い捨てには適していません。そこで，セシウム除去用フェロシアン化コバルト担持繊維の開発を思い出しました。基材を市販のナイロン繊維にしてイオン交換基を初めからもつビニルモノマーをグラフト重合に使えば低コストでイオン交換繊維を生産できます。

カチオン交換繊維の作製経路を図 8-7 に示します。ナイロン繊維に電子線を照射後，アクリル酸水溶液に浸すと，弱酸性カチオン基であるカルボキシ基（-COOH）をグラフト鎖にもつカチオン交換繊維を作製できます。「グラフト重合，イコール，イオン交換基導入」なので楽なつくり方です。

得られた繊維をカラムに充填してタンパク質溶液を流通させます。高速，例えば，空間速度（SV）$600\ h^{-1}$，カラム内のタンパク質溶液の滞留時間に換算すると，6秒での破過吸着容量の数値が，夾雑タンパク質除去工程のなかで重要な指標になります。この数値を高めるために，カチオン交換繊維をNaOH水溶液に浸してグラフト鎖中のカルボキシ基の型をH型（-COOH）からNa型（-COONa）へ変えたり，80℃のお湯に繊維を浸してグラフト鎖を膨潤させたりする工夫をしました。

破過吸着容量のSV依存性を図 8-8 に示します。タンパク質にはリゾチー

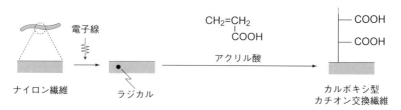

図 8-7　カルボキシ型カチオン交換繊維の作製経路

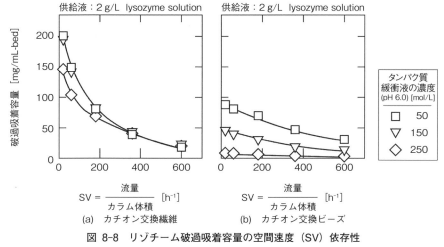

**図 8-8** リゾチーム破過吸着容量の空間速度（SV）依存性
 (a) カルボキシ型カチオン交換繊維
 (b) 市販のカルボキシ型カチオン交換ビーズ

ム（分子量 14,000，pI 11）を採用しました．得られた破過吸着容量は相当に高い値です．アクリル酸（$CH_2=CHCOOH$）の場合，グラフト鎖の軸から電荷までの距離が短く，電荷が密集しているので互いの静電反発でグラフト鎖が膨潤，伸長し，それによって生じるグラフト鎖間の空間でタンパク質（ここでは夾雑タンパク質）を多量に捕捉するのです．

　抗体の精製の業界は生存競争が激しく，吸着性能が日々，改善されています．一つの研究室，一人の学生，そして一人の指導教員では，高速流速下での破過吸着容量競争でのサバイバルはできそうもありません．「競争の激しくないところで，じっくり研究したいなあ」などとのんきなことをいっていられない状況です．

## 発表論文

1) N. Kubota, Y. Konno, K. Saito, K. Sugita, K. Watanabe, and T. Sugo, Module performance of anion-exchange porous hollow-fiber membranes for protein recovery, *J. Chromatogr. A*, **782**, 159-165 (1997).
2) 工藤大樹，松﨑優香，河合（野間）繁子，梅野太輔，斎藤恭一，放射線乳化グラフト重合法を用いた抗体高速精製のためのアニオン交換繊維の作製，*RADIOISOTOPES*, **66**,

243-249（2017）．
3）松﨑優香，工藤大樹，小島　隆，河合（野間）繁子，梅野太輔，斎藤恭一，放射線前照射乳化グラフト重合法を適用したタンパク質を高容量に吸着するためのカチオン交換繊維の作製，化学工学論文集，**43**，88-94（2017）．

## 8.3　磁石切削液からのネオジムとジスプロシウムの精製

**レアメタルを混ぜてつくる最強磁石**

　レアメタル（rare metal）を日本語にすると「希少金属」となります。ステーキの焼き具合のように「生金属」とはいいません。もちろん人間が勝手に名付けました。「希少」の「希」はもともと「稀（まれ）」でした。レアメタルは稀で，しかも産業での利用価値が高いため，値段の高い金属です。

　「希少金属」の代表は「希土類金属」（レアアース金属，rare-earth metals）で，頭文字をつなげて REMs という略称があります。周期表の下に離れて並んでいる2段の列のうち，上段がランタノイド系列（lanthanide），下段がアクチノイド系列（actinide）です。このランタノイド系列の元素こそ希土類金属です。

　このランタノイドの中で，わたしたちが注目したのが，ネオジム（Nd, neodymium）とジスプロシウム（Dy, dysprosium）です。日本では産出しない元素で，中国にその鉱山が集中しています。2010年に，中国がレアアース金属の輸出を制限したときに，その価格が高騰して日本の先端産業が危機に瀕しました。

　Nd と Dy は世界最強の永久磁石「ネオジム磁石」づくりに不可欠な原料です。このネオジム磁石は日本のエンジニアである佐川眞人（さがわまさと）氏の発明品です。スマホ，パソコン，電気自動車などに不可欠な部材です。佐川氏はノーベル賞の有力候補です。

　ネオジム磁石にわたしはたいへん感謝しています。ある学位論文の予備審査会で，わたしの所属する学科の仲間である岸川圭希（きしかわけいき）先生と審査員として一緒になりました。審査会が終わって机の並べ方をコの字型から普段の教室型に戻すときに，岸川先生が机に置いていたパソコンをわたしの不注意で床に落としてしまいました。あわてて拾い上げるとモニターの液晶に大

きなヒビが入り，奇妙な模様が映っていました。

　わたしはたいへんなことになったと思いました。「中のデータが壊れてしまったのでは…」と岸川先生に謝ったところ，岸川先生はわたしを心配してくれてか「大丈夫ですよ。きっと」とあまり深刻な顔を見せませんでした。25年来の仲間であるわたしに気を遣ってくださったのだと思いました。

　数日後，岸川先生から「パソコンは元通りになって帰ってきました」と連絡がありました。あの落下の衝撃にも耐えてパソコン内部のデータが壊れなかったのは，データ保存のデバイスを固定している強力な磁石『ネオジム磁石』のおかげでした。世界最強の磁石が性能を十分に発揮して，わたしを助けてくれたのです。わたしはこれから先ずっと，岸川先生と佐川氏に頭が上がりません。

### グラフト鎖の疎水性基に抽出試薬の疎水性部を載せる

　ネオジム磁石は，鉄（Fe），ホウ素（B），Nd，そしてDyを配合してつくります。ネオジム磁石は用途に合わせて，指定のサイズに1個ずつ製造しているのではなく，それなりに大きな板材から切り抜いて製品を製造しています。切り抜くといっても硬い板ですから，はさみではなく，注油しながら強靱な刃を使って切削する作業をしているはずです。見たことはありませんが…。

　切削したときに発生するレアメタルを含む粉屑を捨てるのはもったいない話です。レアメタルをリサイクルします。そうはいっても切削粉は油まみれですから，一度，酸に溶解して，まず，油を除去します。次に，HDEHP（bis(2-ethyhexyl)phosphate）という酸性抽出試薬を担持させた吸着材を使ってDyとNdの混ざった酸からDyとNdを分離精製します。固相抽出法と呼ばれている手法です。

　「それでよし」としてはわたしたちの出番はありません。ドデシル基（$C_{12}H_{25}-$）という疎水性基をもつグラフト鎖を付与したナイロン繊維を使うことにしました。HDEHPの二又になった疎水性の部分のどちらか一方が疎水性相互作用によって疎水性グラフト鎖に乗っかります。そして，HDEHPのリン酸基は界面で酸のほうを向いて$Nd^{3+}$や$Dy^{3+}$を捕捉します。

　HDEHP担持繊維の作製経路を図8-9に示します。GMAのグラフト率

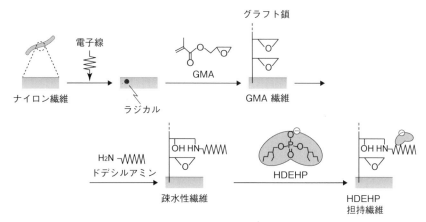

図 8-9 HDEHP 担持繊維の作製経路

表 8-1 HDEHP 担持繊維と Lewatit® の物性比較

|  | 千葉大学製<br>HDEHP 担持繊維 | LANXESS 社製<br>HDEHP 担持粒子<br>Lewatit® |
|---|---|---|
| 形状 | 繊維（80〜90 μm） | ビーズ（300〜1,600 μm） |
| HDEHP 担持量<br>[mmol/g] | 0.43 | 0.91 |
| 担持部位 | 表面近傍 | 表面と内部 |

120％，エポキシ基からドデシル基へのモル転化率50％としたとき，HDEHPの担持量は0.43 mmol/gとなりました。悲観しないですむ密度です。ライバル材料はドイツのLANXESS社製のLewatit®という名のビーズです。物性を比較して表8-1に示します。

それぞれの吸着材を充填したカラムの入口付近にNdとDyを負荷しました。「負荷した」とむずかしそうに聞こえますが，「グラフト鎖に担持させたHDEHPにNdとDyのイオンを捕捉させた」ということです。その後，溶離液として濃度0.2と1.5 mol/Lの2種類の塩酸を階段状に流しました。Ndは0.2 mol/L塩酸で吸着材から外れます。Dyは0.2 mol/L塩酸では外れず，1.5 mol/L塩酸と濃くなると外れます。流出液量を横軸にとり，カラム出口からの流出液のNdとDyの濃度の変化（溶離クロマトグラムと呼びます）を

## 8.3 磁石切削液からのネオジムとジスプロシウムの精製

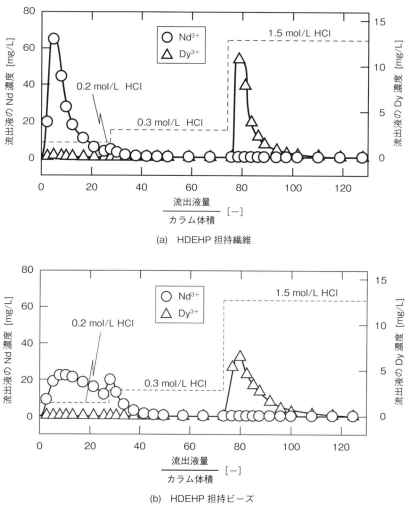

図 8-10 Nd と Dy の溶離クロマトグラムでの HDEHP 担持繊維と担持ビーズの比較

図 8-10 に示します。図左が HDEHP 担持繊維，図右が Lewatit®のクロマトグラムです。両方とも二つのピークが現れました。

### HDEHP 担持繊維の勝ちとはならないのか…

そのピークの高さと裾野の広がりの幅が勝ち負けの判定規準です。じっくり

見比べると，二つの山の面積は負荷量が同じでしたから同一です．したがって，ピークが高いと，自ずと裾野は狭くなり，鋭い山の形をとります．同一条件下で実験をしていますから，HDEHP担持繊維がLewatit®に比べてピークが高いので優れています．よっしゃ！

HDEHP担持繊維では繊維から外に向かって取り付けられたグラフト鎖にHDEHPが担持され，一方，Lewatit®では，St-DVB共重合ビーズの外部表面だけでなく内部孔にもHDEHPが担持されています．したがって，NdとDyのイオンの拡散物質移動距離が短いため，HDEHP担持繊維が高性能を示すのでしょう．この図面は学会誌に掲載され3年経ちますが，今のところ問い合わせがなく残念です．

わたしたちの夢の一つは，有機溶媒を使う液-液抽出法をグラフト材料を使う固相抽出法に切り替えることです．さらに，抽出試薬さえもグラフト鎖に担持するのではなく，抽出試薬の官能基部分をグラフト鎖に共有結合で導入したいと考え，学生のN君が挑戦しました．グラフト鎖にドデカンチオールを固定してパラジウムの特異的捕捉に成功しました．ただし，抽出試薬ジオクチルスルフィド（DOS）を，呼び水として，グラフト鎖に少量担持するのが有効でした（図 8-11）．

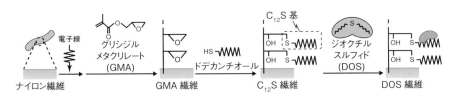

図 8-11　パラジウム捕捉用の新しい吸着材

## 発表論文

1) S. Uchiyama, R. Ishihara, D. Umeno, K. Saito, S. Yamada, H. Hirota, and S. Asai, Determination of mole percentages of brush and root of polymer chain grafted onto porous sheet, *J. Chem. Eng. Jpn.*, **46**, 414-419（2013）．
2) 佐々木貴明，内山翔一朗，藤原邦夫，須郷高信，梅野太輔，斎藤恭一，リン酸ビス(2-エチルヘキシル)(HDEHP)担持繊維充塡カラムを用いた固相抽出法に基づく溶出クロマトグラフィーによるNdとDyの分離，化学工学論文集，**41**，220-227（2015）．

3) 中村祐樹，藤原邦夫，須郷高信，河合(野間)繁子，梅野太輔，斎藤恭一，抽出試薬担持繊維を用いた塩酸溶液からのパラジウムの回収，化学工学論文集，**42**，113-118（2016）．

## 8.4 血液からのゲルゾリンの精製

### 筋肉の大家，片山栄作先生

　「形とはたらき」というテーマのもとに，さまざま分野の研究者が30名ほど集まり，毎年2～3回合宿して，研究成果を発表・議論する期間が3年間ありました。当時，わたしは40代半ばでした。30代から50代まで幅広く，研究者がいました。加えて，60代のリーダーとアドバイザーが3名いらっしゃいました。なごやかなように見えて実はたいへん厳しい合宿でした。研究費として毎年1,200万円ほどの大金をもらっていましたから，成果を出して論文を発表していくことが強く求められました。

　恐竜の動きを擬似する研究から貝の巻く方向を探求する研究まで，広い分野にわたっていました。そのグループの中に，東京大学医科学研究所の片山栄作先生がいました。片山先生は筋肉を構成するタンパク質であるミオシン（myosin）とアクチン（actin）の分子レベルでの動きを，透過型電子顕微鏡（TEM：transmission electron microscope）を使って解析していました。この分野で世界的に著名な先生です。そのためか，タンパク質の精製に詳しく，わたしたちの「タンパク質の多層集積構造をつくり出すグラフト鎖」をたいへん気に入ってくれました。「高速・高容量・高耐久性」，いい換えると「速く，たくさん，何度も」というわたしたちの新規材料のキャッチコピーを褒めてくれたのです。

　それまでわたしたちは，伸長したグラフト鎖にタンパク質を包み込んで三次元で捕捉する材料をつくり，モデルタンパク質を使ってその構造を実証してきました。しかし，研究を2年もつづけていると新味が薄れてきました。そこで，片山先生に「うちの材料，タンパク質の精製の現場に役立てたいのですが…」と相談すると，片山先生はすぐに「血液中のゲルゾリン（gelsolin）の精製に使ってみたら」と提案してくださいました。わたしはゲルゾリンという薬のような名のタンパク質をそれまでまったく知りませんでした。

## ゲルゾリン

「わたしたちが激しく運動すると，筋肉の一部が壊れてアクチンが血液へ流入します。それが細い血管を詰まらせる可能性があります。そこで，その断片を切断して小さくする酵素がゲルゾリン（gelsolin）です」と片山先生から教わりました。ゲルゾリン（分子量 90,000，pI 5.8）がなかったら，筋肉の一部が壊れたら血管が詰まり，ヒトはバタバタと倒れていただろうと勝手に想像しました。筋肉に詳しい片山先生だからこその，とっておきのテーマなので，わたしたちは，早速，研究を始めることにしました。そのうえ「ゲルゾリンにはがん細胞の増殖を抑制する働きがあるかもしれない」といわれて，さらにやる気になりました。修士の学生 Y 君が担当することになりました。

### タンパク質を全部捕まえた後，ゲルゾリンだけはがす

なにはさておき血液の入手です。品川駅の港南口から歩いてすぐのところにある東京食肉市場でウシの血液を 1 L 購入し，千葉まで持ち帰りました。それ以降，品川駅のホームに立つと「モウ～，止めて」というウシの声がわたしには聞こえます。

血液をそのまま吸着材に接触させたら，血球や血小板が吸着材の表面に付着してたいへん困った状況になるでしょう。そこでまず，遠心分離機を使って血球成分を除きます。上澄み液にあたる血漿には，精製対象のゲルゾリンが全タンパク質の約 0.2 ％分溶けています。ですから，ゲルゾリンが，残り 99.8 ％の他のタンパク質を押しのけ，吸着材にくっつくのは困難です。

ここでの精製の仕組みは，なんと，ゲルゾリンだけを捕まえるというのではないのです。他のタンパク質もろとも吸着材に捕まえておいて，その後にゲルゾリンだけを溶離させるという手法を用います。この手法は『アフィニティ溶離（affinity elution）』と呼ばれています。ゲルゾリンだけがカルシウムイオン（$Ca^{2+}$）と結合して自身の電荷量を変え，コンホメーションを変えて高分子鎖から外れることを利用する手法です。ゲルゾリンと $Ca^{2+}$ がとても仲がよいこと，いい換えるとアフィニティ（affinity，親和力）が強いことが精製の肝です。一方，他のタンパク質は $Ca^{2+}$ には何の応答もしません。

8.4 血液からのゲルゾリンの精製　169

ネオジム磁石切削粉の酸溶解液から Nd と Dy を分離精製するときにも「溶離」操作のときに分ける手法を用いました (8.3)。吸着材を充填したカラムの入口付近に，Nd と Dy を含む液を流して Nd と Dy を負荷しておきます。その後，段階的に濃度の異なる酸を流通させて，Nd と Dy を順に吸着材から外し，カラム内を移動させて，カラム出口からの流出液にそれぞれが順に出てくる仕掛けでした。

## ゲル電の威力

血漿中のタンパク質をすべて捕えるので，吸着操作前にタンパク質の量をなるべく減らしておくのが賢明です。そこで，図 8-12 に示すように，塩析（硫酸アンモニウムを使ってタンパク質を沈殿させる手法）と透析（その沈殿を溶かして硫酸アンモニウムを透析膜を使って除く手法）を駆使して，念入りに，ゲルゾリンを含む「中間原料液」をつくりました。このときに，他のタンパク質とともにゲルゾリンも少し除かれ，ロスとなります。

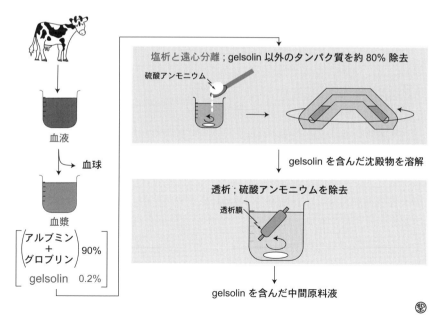

図 8-12　血漿からの中間原料液の調製

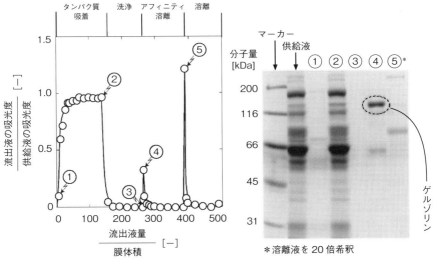

図 8-13 アニオン交換多孔性中空糸膜の中間原料液に対する破過曲線

図 8-14 破過曲線のフラクション番号に対応するゲル電のバンド

「中間原料液」をシリンジに入れ，一定流量でシリンジポンプから圧力をかけて，アニオン交換多孔性膜に透過させました。膜外面からの流出液の吸光度と流出液量との関係を図 8-13 に示します。ここで，縦軸と横軸の値は，それぞれ供給液の吸光度と膜体積に対する比です。

タンパク質の混合液中のタンパク質の分布を定性的・半定量的に調べる『ゲル電気泳動法 (gel electrophoresis)』という方法があります。視覚に訴える強力な方法です。生化学のプロは「ゲル電」と略して呼びます。「江の電」「琴電」のようで鉄道マニアをワクワクさせそうです。

ポリアクリルアミド（polyacryloamide）という高分子ゲル (gel) の中に電位勾配をつくって，荷電したタンパク質を一定方向に泳がせます。分子量の小さなタンパク質ほど電位勾配に従ってスイスイと前へ進みます。所定の時間で泳動を止めます。その後，ゲルを染色するとタンパク質の最終到達地点に黒いバンド（帯）が現れます。分子量の既知の数種のタンパク質を使って同様にゲル電をしてバンドをつくります。そのバンドを対照にしてタンパク質を分子量によって同定できます。さらに，バンドの黒が濃いほどタンパク質の量が多い

こともわかります。「ゲル電」は「簡単な割に，多くの情報を得られる」すばらしい方法です。

話をゲルゾリンの精製に戻します。破過曲線に対応したゲル電のバンドを示します（図 8-14）。破過曲線のフラクション番号①のゲル電には，ゲルゾリンのバンドが検出されないので，ゲルゾリンは膜に吸着されたとわかります。同様に，他のタンパク質も膜に吸着されているとわかります。

塩化カルシウム（$CaCl_2$）を 2 mmol/L になるように添加した緩衝液を透過させると，溶離曲線では DEV = 300 で小さな山が出現しました。ゲル電では 90,000 に相当するゲルゾリンのバンドが観察され，他のタンパク質のバンドは観察されなかったと，いいたかったところですが，分子量 130,000 にゲルゾリン（分子量 90,000）とアクチン（分子量 40,000）との結合体と推定されるバンドが検出されました。

その後，1 mol/L NaCl を透過させると，残りのタンパク質がほとんどすべて溶離されたことが，溶離曲線の高いピークからわかります。その溶離液を 20 倍薄めてゲル電を実施すると，多くのバンドが観察されました。こうして $Ca^{2+}$ とゲルゾリンのアフィニティを利用してゲルゾリンだけを吸着材から溶離させるので，「アフィニティ溶離クロマトグラフィー」と呼んでいます。

## 抗がん剤ではなかったのか

ウシの血液からのゲルゾリンの精製に成功しました。片山先生からは「やはり多孔性中空糸膜は高性能ですね」と褒められました。しかし，この成果を学会で発表しても，学会誌に論文を掲載しても，現在のところ問い合わせが来ません。タンパク質精製の現場に役立てるはずだったのですが…。どうしてこうなってしまったのか？　ただいえることは，ゲルゾリンに罪はないということです。

わたしたちは自信がつきました。これまで長い間，試薬屋さんから買ったタンパク質を適当な緩衝液に溶かしてモデルタンパク質溶液を調製し，そこから自作の吸着材を使ってタンパク質を精製するという“工業的に意味のない”実験をしてきました。そこから脱却できたのです。血みどろになって血漿を扱いました。1 L のウシの血からゲルゾリンという今のところ役立ちそうにないタ

ンパク質を，放射線グラフト重合法によってつくったアニオン交換多孔性中空糸膜を使って精製できたのです．

**発表論文**

1) 米津慎二，斎藤恭一，片山栄作，東條　正，白石朋文，須郷高信，イオン交換多孔性膜に吸着した gelsolin のアフィニティ溶出，*Membrane (Maku)*, **30**, 269-274（2005）．
2) K. Hagiwara, S. Yonedu, K. Saito, T. Shiraishi, T. Sugo, T. Tojyo, and E. Katayama, High-performance purification of gelsolin from plasma using anion-exchange porous hollow-fiber membrane, *J. Chromatogr. B*, **821**, 153-158（2005）．
3) 吉川　聖，萩原京平，斎藤恭一，片山栄作，東條　正，須郷高信，gelsolin 精製におけるアニオン交換グラフト鎖搭載多孔性膜とアニオン交換ビーズカラムとの性能比較，日本イオン交換学会誌，**18**, 2-8（2007）．

## 8.5　混合液からのL体の精製

### 困難な分離のワースト3

　数ある分離の中で，困難な分離の一つめは同位体の分離です．原子核の中の中性子数によって質量数が異なる同士が同位体（アイソトープ）です．化学的性質に差がないのでお手上げです．それでも，人類が必死に分けた同位体が質量数 235 のウラン（$^{235}$U）と質量数 238 のウラン（$^{238}$U）です．これらをフッ素化物 $UF_6$ という気体にして，直列に連結した遠心分離器（管）を使って分けたのです．$^{235}$U の $UF_6$ の方が $^{238}$U の $UF_6$ よりわずかに軽いので管の内側（軸側）で $^{235}$U の $UF_6$ が濃くなります．この差を利用して $^{235}$U 存在比を天然の 0.7％から人工的に 3％まで高めたのです．その後，核兵器をつくったのです．

　困難な分離の二つめは性質の似たモノの分離です．例えば，$Sr^{2+}$ と $Ca^{2+}$ の分離です．そっくりだからこそ，放射性 $Sr^{2+}$ が人体内に摂取されると骨の成分である $Ca^{2+}$ と入れ替わります．放射性 $Sr^{2+}$ は放射線を放つのでその周囲の細胞が損傷を受けるのです．除去の巻（4章）で $Ca^{2+}$ に対して $Sr^{2+}$ 吸着選択性を示す無機化合物としてチタン酸ナトリウムが登場しました．吸着材の構造を工夫して分けました．

　もう一つの例として $Co^{2+}$ と $Ni^{2+}$ の分離が挙げられます．この場合は，これらの溶存形態に差をつけます．塩酸を加えて塩化物イオン $Cl^-$ と錯体をつくら

せます。そうして $CoCl_4^{2-}$ と $Ni^{2+}$ という溶存形態にして，前者の $CoCl_4^{2-}$ をアニオン交換作用に基づいて捕まえます。例えば，アニオン交換機能をもつ抽出試薬を溶かした有機相が Co のアニオン種を抽出します。

　困難な分離の三つめはキラル分離です。人間の右の掌と左の掌のように軸対象であっても重ねることはできません。そうした化合物をキラル化合物と呼びます。例えば，グリシンを除いたアミノ酸にはD体とL体があります。ヒトの体内ではL-アミノ酸が化学反応に利用されています。わたしたちは血清アルブミン（serum albumin）がL-アミノ酸を識別して捕まえることを活用します。キラル化合物（chiral compounds）の片方を特異的に捕まえる物質をキラルセレクター（chiral selector）と呼びます。ここでは血清アルブミンです。

**多層集積構造**

　ニーズ（needs）に合わせて材料開発を進めているうちに「発明」が生まれ，さらに，その原理を突き詰めているうちに「発見」があって，それがシーズ（seeds）となって技術が進歩する。これが理想の研究ループです。しかしながら，そうはうまく回りません。わたしたちがそのループに入った気になった例を紹介します。冷静に考えてみると，たいしたことではなかったのですが…。

　旭化成(株)と共同して，タンパク質を捕捉する多孔性中空糸膜の形をしたイオン交換体を25年かけてつくり出しました。旭化成(株)が工業用ろ過膜として市販している材料を，放射線グラフト重合法によって，イオン交換体へ変身させる仕事でした。基材（出発材料）の形を自由に選択できるという放射線グラフト重合法の利点の一つを生かすことだけをセールスポイントにして材料づくりを開始しました。

　アニオン交換基としてジエチルアミノ基（DEA 基，$-N(C_2H_5)_2$）をもつグラフト鎖は，隣接する DEA 基同士の静電反発（electrostatic repulsion）によって伸長します。それによって形成された空間に，DEA 基と反対符号，すなわちマイナスの表面電荷をもつタンパク質が入り込みます。伸長したグラフト鎖群が形成する三次元空間にタンパク質が多層多点で吸着します（図 8-15）。この『多層集積構造』によってイオン交換体の吸着容量が増大するのでタンパ

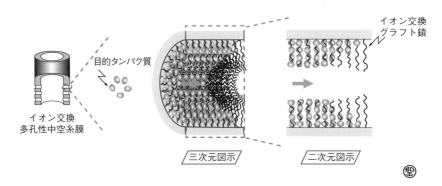

図 8-15　多孔性中空糸膜の内部孔表面でのタンパク質の「多点多層」集積構造

ク質の捕捉にとってたいへん都合がよいことでした。

　アニオン交換体のタンパク質の吸着性能を調べるのに，ウシ血清アルブミン（BSA：bovine serum albumin）を使うように専門家から薦められました。安価に入手できるからです。一方，カチオン交換体の評価にはリゾチーム（HEL：hen egg lysozyme）を使いました。

## 新しい組合せがイノベーション

　当時，わたしの家から10分ほどで行くことのできた東京工業大学の図書館に毎月1回は通って半日かけて *J. Chromatography* や *Analytical Chemistry* といった雑誌に載っている論文のタイトルを片っ端から読んでいました。面白そうな文献をそこからコピーして千葉大学の研究室に向かいました。そんなときに「アルブミン固定樹脂ビーズを使ったキラル分離」という文献（S. Allenmark, *J. Liq. Chromatogr.*, **9**, 425-442（1986））に出会ったのです。「キラル分離」は，分離を専門とする者にとって最難関のテーマの一つなので，つい挑戦したくなります。

　モデルタンパク質と見なしていたアルブミンがキラル化合物を分離できるとは…。「これはラッキーだ」と思いました。血漿に溶存しているタンパク質のうち，最も高濃度なアルブミンはL-アミノ酸を抱えて体中に運搬しているわけですから，アルブミンがキラル認識能を発揮するのは当然かも知れません。早速，学生のN君と相談してアルブミン固定多孔性中空糸膜を使ってDL-アミ

8.5　混合液からの L 体の精製　　175

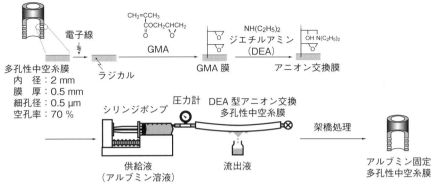

図 8-16　アルブミン固定多孔性中空糸膜の作製経路

ノ酸を分割する実験を始めました。

　アルブミン固定多孔性中空糸膜の作製経路を図 8-16 に示します。ポリエチレン製多孔性中空糸膜（内径 1.8 mm，外径 3.1 mm，空孔率 70 %，平均孔径 0.4 μm）に電子線を照射してラジカルをつくり GMA（20 ページ参照）をグラフト重合しました。グラフト鎖中のエポキシ基にジエチルアミン（NH($C_2H_5$)$_2$）を付加して DEA 基というアニオン交換基，いい換えると，プラス荷電基（positively charged group）をグラフト鎖に導入しました。このとき，グラフト鎖も DEA 基も膜厚（内径 2.4 mm と外径 4.4 mm なので 1.0 mm）方向に均一に分布していました。

　DEA 型アニオン交換多孔性中空糸膜の内面から外面へアルブミン溶液を膜孔内に透過させました。アルブミン溶液の pH をアルブミンの等電点（pI：isoelectrical point）である 5 より高い 8 にしたので，マイナスに荷電したアルブミンは DEA 基をもつグラフト鎖に捕まるというわけです。多層度 4 の膜を得ました。

　アルブミンを吸着させた後，液の pH が変わってもアルブミンが欠落することにないように，トランスグルタミナーゼ（TG）という酵素を使ってアルブミンとアルブミンの間を架橋しました。TG は蒲鉾の製造に使われていて，魚のすり身に含まれるタンパク質の間を架橋してあの粘性を生みます。キラルセレクターを吸着させるときの pH とキラル化合物をキラル分離させるときの

pH が同一とは限らないので,これで安心して使えます。得られたアルブミン固定多孔性中空糸膜を BSA 中空糸膜と名づけます。

## 二つの独立した評価方法

得られた BSA 中空糸膜のキラル分離の能力を,「注入法」と「透過法」という二つの独立した方式で評価しました。「注入法」と「透過法」は,電気工学の分野でいうと,それぞれインパルス応答（impulse response）とステップ応答（step response）に当たります。キラル混合物の所定量を短時間に BSA 中空糸膜に供給するのが「注入法」,一方,キラル混合物を一定濃度,一定流量で BSA 中空糸膜に供給するのが「透過法」です。BSA 中空糸膜の内面から外面へ（またはその逆）, DL-トリプトファン（DL-Trp）溶液を膜孔内に「注入法」または「透過法」によって供給しました。

## 透過法で得られる破過曲線

BSA 中空糸膜（有効長さ 10 cm）を U 字状に張り,内面から外面へ DL-アミノ酸（ここでは,トリプトファン,以後,Trp と略記）混合液（0.02 mmol/L）を透過させ,破過曲線を作成しました（図 8-17）。縦軸と横軸は,それぞれ流出液の吸光度（D- または L-Trp 濃度）と膜外面からの流出液量です。破過曲線の形が『階段段丘』のようになりました。初めの崖は D-Trp,液が膜を通り抜けてくるのに必要な時間で現れました。アルブミンとは結合しないので当たり前です。しばらく平らな丘がつづきました。このときには L-Trp のアルブミンへの吸着が起きています。やがて,アルブミンの認識結合部位が L-Trp で満杯になると L-Trp が中空糸膜から破過してきます。BSA 中空糸膜は D-Trp を捕まえないので「置換吸着」も起きません。

二つの丘の間で液の供給を止めると,D-Trp しか流出してきていません。いい換えると,膜には L-Trp だけが吸着されています。そこで,膜孔内の液を水で押し出してから L-Trp だけを溶離させると,DL-Trp を分離精製できるわけです。

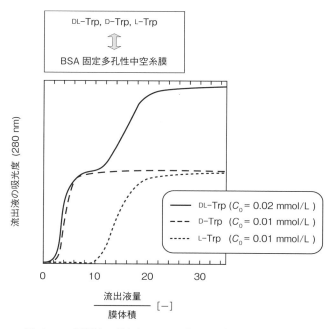

図 8-17　透過法で得られる DL-アミノ酸（Trp）の破過曲線

## 注入法で得られるクロマトグラム

　こんどは注入法です。BSA 中空糸膜（有効長さ 4 cm）1 本でカラムをつくり，適当な溶離液を中空糸膜につねに透過させておきます。そこへ，DL-Trp 混合液（0.6 mmol/L）の一定量の少量を，インジェクターから溶離液の流れに一時的に添加します。カラム出口からの流出液の吸光度を連続的に測定するとクロマトグラムを作成できます（図 8-18）。縦軸と横軸は，それぞれ流出液の吸光度（D- または L-Trp 濃度）と少量の DL-Trp 混合液を注入してからの経過時間です。

　二つのピークが現れました。初めのピークは D-Trp です。中空糸膜を液が素通りするときの滞留時間に対応する時間にピークが現れました。2 番めのピークが L-Trp です。第 1 ピークの 6 倍の時間かかって第 2 ピークが現れました。両ピークの裾野が重なっていませんから大成功です。溶離液やその流速

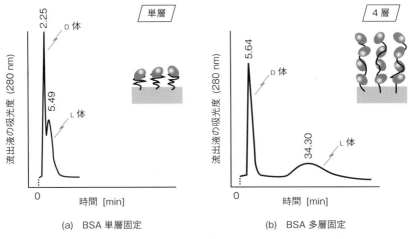

図 8-18　注入法で得られる DL-アミノ酸（Trp）のクロマトグラム

の選び方がうまくいっている証拠です。なお，BSA の多層度が 1 の場合，二つのピークの裾野部分が重なりました。見事に予測通りでした。

### 落とし穴

　このアルブミン"多層集積"固定多孔性中空糸膜のキラル分離能は感動モノでした。しかし，この分離原理には落とし穴があります。分離精製したいキラル化合物に相応しいタンパク質が必ず存在するとは限らない点です。わたしたちはアルブミンを"たまたま"モデルタンパク質として固定していて，そして，"たまたま"DL-Trp を識別できると知って D-Trp の分離精製に成功しました。しかし，「じゃあ，今度はこのキラル混合物を分けてみてよ」といわれても「ハイ，わかりました」と即答できないのです。官能基は与えられるものではなく，与えるものだと学びました。現在，キラル分離をする必要がないように，キラル化合物の片方だけを合成する方法の開発に重点が置かれています。

　材料から入ると分離対象を見つけるのに苦労します。一方，分離対象から入ると材料の開発に手間取ります。ニーズとシーズはそう簡単にはつながらないのです。世の中，思った通りに回りません。

## 発表論文

1) M. Nakamura, S. Kiyohara, K. Saito, K. Sugita, and T. Sugo, Chiral separation of DL-tryptophan using porous membranes containing multilayered bovine serum albumin crosslinked with glutaraldehyde, *J. Chromatogr. A*, **822**, 53-58 (1998).
2) S. Kiyohara, M. Nakamura, K. Saito, K. Sugita, and T. Sugo, Binding of DL-tryptophan to BSA adsorbed in multilayers by polymer chains grafted onto a porous hollow-fiber membrane in a permeation mode, *J. Membr. Sci.*, **152**, 143-149 (1999).
3) M. Nakamura, S. Kiyohara, K. Saito, K. Sugita, and T. Sugo, High resolution of DL-tryptophan at high flow rates using a bovine serum albumin-multilayered porous hollow-fiber membrane, *Anal. Chem.*, **71**, 1323-1325 (1999).

## 8.6 放射性廃棄物からのウランやプルトニウムの精製

### 分析しないと始まらない処分

　日本原子力研究所（JAERI：Japan Atomic Energy Research Institute）は，現在，日本原子力研究開発機構（JAEA：Japan Atomic Energy Agency）という名称に変わっています．当時（35年前）の話で進めます．日本原子力研究所には茨城県東海村にある東海研究所と群馬県高崎市にある高崎研究所があり，それぞれ略称で原研東海，原研高崎と呼ばれていました．東海と高崎は役割が分けられていて，それぞれ原子力発電と放射線利用の研究をしていました．わたしは原研高崎に通って，放射線利用技術の一つである放射線グラフト重合法を習いました．原研東海で，原発から発生する放射性廃棄物の処分（disposal）に関連する業務に従事していたAさんが千葉大学の大学院後期課程に社会人学生として入学してきました．2003年の春のことでした．

　放射性廃棄物には，さまざまな半減期をもつ放射性核種が含まれています．半減期は何億年から数秒までの広い範囲にわたります．また，放出される放射線の種類によって環境中での有害性が異なるため，放射性廃棄物処分場を長期的に安全な設計にするには何よりも先に放射性廃棄物中の核種の組成分析が必須です．

　原子力分野の分析では，アクチノイド元素などを選択的に捕まえる抽出試薬が開発されてきました．その抽出試薬を適当な有機溶媒に溶かせば液体のイオ

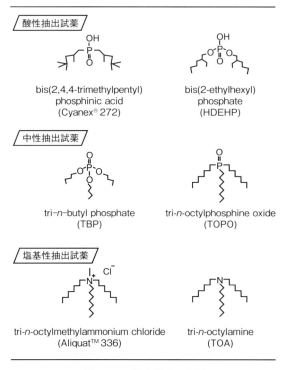

図 8-19　抽出試薬の分類

ン交換体になります。図 8-19 に示すように，酸性，中性，そして塩基性の抽出試薬に分類されます。この抽出試薬を有機溶媒，例えば，$n$-ドデカン（$n$-$C_{12}H_{26}$）に溶かして，核種を含む水溶液と接触させます。有機溶媒（油相）と水溶液（水相）は互いに混ざり合いません。2 相を形成します。水相の量を油相のそれより多くして，混ぜて振ると油相は玉ころ（油滴）になります。油滴と水相の界面（interface）で核種は抽出試薬にイオン交換によって捕まり油相に引きずり込まれます。この現象を正抽出（forward extraction）と呼びます。

後で，水相を酸（薄いときも濃いときもあります）に置き換えると，核種は油相側の界面で抽出試薬から離れて水相に移動します。この現象を逆抽出（backward extraction）と呼びます。正抽出と逆抽出を経て，核種は分離濃縮されます。

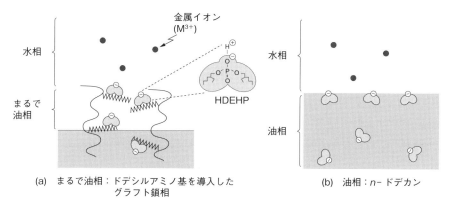

(a) まるで油相：ドデシルアミノ基を導入した
　　グラフト鎖相

(b) 油相：$n$-ドデカン

**図 8-20　有機溶媒の代替としての疎水性基をもつグラフト鎖**

## 液–液抽出法から固相抽出法へ

　液–液抽出法を用いる分析には，有機溶媒が蒸発する，界面がすっきり分かれない，そして抽出試薬が水相にわずかながら溶解するといった問題点があります．分析化学の分野では，液–液抽出法に代わって固相抽出法（SPE：solid-phase extraction）が主流となっています．有機溶媒に代わって，疎水性基をもつグラフト鎖を採用しようというのが A さんのアイデアでした（図 8-20 (a)）．アルキル基をもつグラフト鎖を利用するというのは世界初の試みです．しかも，放射線グラフト重合法を適用して多孔性の中空糸膜やシートにグラフト鎖を取り付け，孔内に液を透過させることによって核種の高速捕捉も達成できます．こうして上に述べた問題点をほぼ解決できます．

　有機溶媒が不要になると，現場は大喜びです．有機溶媒の中には蒸気圧が高くてニオイがしたり，引火しやすかったりする液体があります．有機溶媒をなくせると，定期健康診断と消防署の立入検査の回数を大きく減らせます．しかも，従来の液–液抽出法に代わって，この抽出試薬担持多孔性材料を使う方法なら，分析に要する時間が大幅に短縮されます．いい換えると，同じ時間で分析試料を大量に処理できるようになります．

　グラフト鎖に導入するアルキル鎖の長さや共存させる官能基に工夫を施して，酸性，中性，そして塩基性の代表的な抽出試薬を担持できました．それぞれ

HDEHP，TOPO，そして Aliquat™ 336 で正式名は図 8-19 を見てください。対象金属はイットリウム（Y），ビスマス（Bi），そしてパラジウム（Pd）でした。抽出試薬の疎水性部の炭素数の倍くらいの炭素数をもつアルキル鎖をグラフト鎖に導入すると抽出試薬を高密度に担持できました。抽出試薬がグラフト鎖の上を移動できるので，有機溶媒中と同じように抽出試薬が働きました。抽出試薬が疎水性グラフト鎖上にあっても，有機溶媒中にあっても，抽出試薬 HDEHP は同じように働きます。こうなると有機溶媒が不要になります。

## ウランとプルトニウムの迅速分離精製

A さんが狙っていたウラン（U）とプルトニウム（Pu）の分離は，グラフト鎖に抽出試薬を担持した材料ではなく，グラフト鎖にアニオン交換基を導入した材料でたいへんうまくいきました。その材料の作製経路を図 8-21 に示します。まず，ポリエチレン製多孔性シート（空孔率 75%，平均孔径 1 μm，厚み 2.0 mm）に電子線を照射してラジカルをつくり，GMA をグラフト重合しました。次に，グラフト鎖中のエポキシ基にジエチルアミン（$NH(C_2H_5)_2$）を付加してジエチルアミノ基（DEA 基）を導入しました。グラフト重合とアニオン交換基導入を経て多孔性シートは 3.0 mm まで厚くなりました。アニオン交換基密度は 3.4 mmol/g となり，市販のアニオン交換ビーズと同程度です。グラフト鎖の付与と官能基の導入を受けた後でも孔は埋まっていません。

ウランとプルトニウムが溶けた 10 mol/L 塩酸と 0.1 mol/L 硝酸の混合液を少量，DEA 型アニオン多孔性シートの上面に負荷し，その後，溶離液の種類を段階的に変え，シートの上面から下面へ孔内を溶離液を透過させると，シー

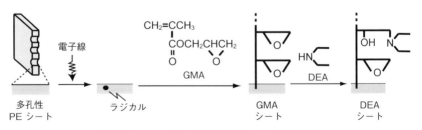

図 8-21 アニオン交換多孔性シートの作製経路

## 8.6 放射性廃棄物からのウランやプルトニウムの精製 183

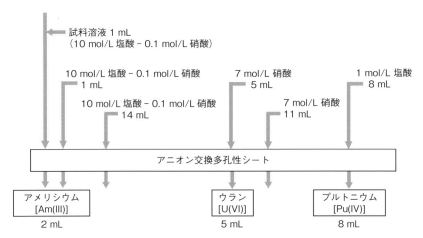

図 8-22　多孔性シートに透過させる溶離液の種類と順番

トの下面からUとPuが順に流出してきます。溶離液の種類と順番は図 8-22 に示しました。こういう操作法は「溶離クロマトグラフィー（elution chromatography）」と呼ばれています。得られるクロマトグラムを図 8-23 に示します。UとPuのピークが出現し，しかも裾野が重なりませんでした。AさんがJAEAの管理区域内で実施しました。貴重なうえに，すばらしい成果です。

ここで基材として採用した(株)イノアックコーポレーション製のポリエチレン製多孔性シートは，筋肉痛緩和の薬液や虫さされ，かゆみ止めの液を，容器を押すと，容器の口から液体を適当量だけ浸み出させる部材（MAPS$^{TM}$ という商標）としてわたしたちの身の回りで役立っています。そのシートを，放射線グラフト重合法を適用して，放射性廃棄物に含まれる放射性核種をより迅速に正確に分析できる材料へ変身させることができました。

放射性核種の分析には国が定めた方法（公定法）があります。新しい分析手法や手順が公定法になるには時間がかかります。抽出試薬をグラフト鎖に担持した材料や官能基を固定した材料は現場の方々に重宝されるのは確実です。実績を積んで公定法になっていってほしいと思います。

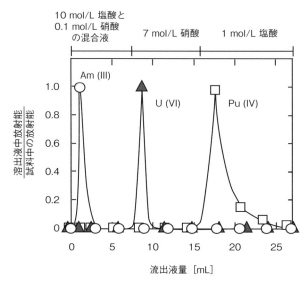

図 8-23 アニオン交換多孔性シートの U と Pu に対するクロマトグラム

## 発表論文

1) 浅井志保, 斎藤恭一, 微量放射性物質の測定前処理用固相抽出カートリッジの作製, *Biomedical Research on Trace Elements*, **28**, 1-10 (2017).

# 「放射線グラフト重合」の研究論文と著書のリスト（1986 – 2018）

・筆者らの報告に限定しました。
・捕捉対象に下線を引きました。

## 研究論文（213 報）

1 グラフト鎖を使う
 無機化合物担持繊維を使った放射性物質の除去 　　　番号　　1-28)
 キレートやイオン交換材料を用いた金属イオンの除去や回収　番号　29-58)
 抽出試薬担持材料を用いた金属イオンの回収 　　　番号　　59-73)
 タンパク質の精製 　　　番号　　74-121)
 緑茶飲料からのカテキン・カフェイン除去 　　　番号　　122-124)
 キラル分離 　　　番号　　125-129)
 固定化酵素 　　　番号　　130-142)
 製塩用イオン交換膜 　　　番号　　143-151)
 海水からのウラン採取 　　　番号　　152-169)
 その他 　　　番号　　170-175)
2 グラフト鎖をはかる 　　　番号　　176-192)
3 グラフト鎖をつくる 　　　番号　　193-213)

## 著書（4 点） 　　　番号　　1-4)

研 究 論 文

## 1 グラフト鎖を使う

### 無機化合物担持繊維を使った放射性物質の除去

1) Reduction of supercooling of heavy water with silver iodide
   S. Naruke, K. Fujiwara, T. Sugo, S. Kawai-Noma, D. Umeno, and K. Saito
   *Bull. Soc. Sea Water Sci. Jpn.*, **72**, 41-42（2018）.
2) チタンケイ酸ナトリウム担持繊維の作製と得られた繊維の海水からのストロンチウムの除去
   鈴木祐人，成毛翔子，片桐瑞基，藤原邦夫，須郷高信，小島　隆，河合(野間)繁子，梅野太輔，斎藤恭一
   日本海水学会誌，**72**，36-40（2018）.
3) ペルオキソチタン錯体アニオンのアニオン交換繊維への繰返し吸着によるストロンチウム吸着繊維のチタン酸ナトリウム担持率の向上
   後藤駿一，片桐瑞基，成毛翔子，藤原邦夫，須郷高信，小島　隆，河合(野間)繁子，梅野太輔，斎藤恭一
   *RADIOISOTOPES*, **67**, 213-219（2018）.
4) 繊維に接ぎ木した高分子鎖に絡めた無機化合物を利用する放射性物質の除去
   斎藤恭一，小島　隆，浅井志保
   分析化学，**66**, 233-242（2017）.
5) クラウンエーテル誘導体を担持した $^{90}$Sr 分析用吸着繊維の作製
   堀田拓摩，浅井志保，今田未来，半澤有希子，斎藤恭一，藤原邦夫，須郷高信，北辻章浩
   分析化学，**66**, 189-193（2017）.
6) 水中のアンチモン捕捉のための水和酸化セリウム担持繊維の作製
   早川里奈，成毛翔子，藤原邦夫，須郷高信，小島　隆，河合(野間)繁子，梅野太輔，斎藤恭一
   分析化学，**66**, 853-856（2017）.
7) Impregnation structure of cobalt ferrocyanide microparticles by the polymer chain grafted onto nylon fiber
   S. Goto, S. Umino, W. Amakai, K. Fujiwara, T. Sugo, T. Kojima, S. Kawai-Noma, D. Umeno, and K. Saito
   *J. Nucl. Sci. Technol.*, **53**, 1251-1255（2016）.
8) 東京電力福島第一原子力発電所港湾内の汚染海水から放射性物質を除去する吸着繊維の開発（1）放射性セシウムの除去
   後藤聖太，斎藤恭一
   *RADIOISOTOPES*, **65**, 7-14（2016）.
9) 吸着繊維を用いた閉鎖域内汚染海水からのセシウムの除去
   染谷孝明，浅井志保，藤原邦夫，須郷高信，梅野太輔，斎藤恭一
   日本海水学会誌，**69**，42-48（2015）.

10) Impregnation process of insoluble cobalt ferrocyanide onto anion-exchange fiber prepared by radiation-induced graft polymerization
   M. Sugiyama, S. Goto, T. Kojima, K. Fujiwara, T. Sugo, D. Umeno, and K. Saito
   *RADIOISOTOPES*, **64**, 219-228（2015）.
11) <u>Cesium</u> removal in freshwater using potassium cobalt hexacyanoferrate-impregnated fibers
   Y. Okamura, K. Fujiwara, R. Ishihara, T. Sugo, T. Kojima, D. Umeno, and K. Saito
   *Radiat. Phys. Chem.*, **94**, 119-122（2014）.
12) DMAPPA グラフト繊維に担持されたチタン酸ナトリウムの組成およびその<u>ストロンチウム</u>イオン交換比の決定
   成毛翔子，後藤駿一，片桐瑞基，藤原邦夫，須郷高信，河合(野間)繁子，梅野太輔，斎藤恭一
   日本海水学会誌，**70**，364-368（2016）.
13) 海水中でのイミノ二酢酸型キレート繊維の吸着等温式の決定と東電福島第一原発の閉鎖海域内汚染海水への組み紐状繊維の分割投入の提案
   後藤駿一，河野通克，片桐瑞基，藤原邦夫，須郷高信，河合(野間)繁子，梅野太輔，斎藤恭一，森本泰臣，菊池孝浩
   日本海水学会誌，**70**，110-115（2016）.
14) 東京電力福島第一原子力発電所港湾内の汚染海水から放射性物質を除去する吸着繊維の開発（2）放射性<u>ストロンチウム</u>の除去
   後藤駿一，斎藤恭一
   *RADIOISOTOPES*, **65**, 15-22（2016）.
15) DMAPAA グラフト繊維へのチタン酸ナトリウムの穏和な反応条件下での担持と得られた繊維を使う海水からの<u>ストロンチウム</u>の除去
   片桐瑞基，河野通克，後藤駿一，藤原邦夫，須郷高信，河合(野間)繁子，梅野太輔，斎藤恭一
   日本海水学会誌，**69**，270-276（2015）.
16) ペルオキソチタン錯体アニオンと新規アニオン交換グラフト繊維との組み合わせから作製した海水中からの<u>ストロンチウム</u>除去用吸着繊維
   河野通克，海野 理，後藤駿一，藤原邦夫，須郷高信，小島 隆，河合(野間)繁子，梅野太輔，斎藤恭一
   日本海水学会誌，**69**，90-97（2015）.
17) <u>ルテニウム</u>を水中から除去するための核酸塩基固定繊維の作製
   佐々木貴明，藤原邦夫，須郷高信，河合(野間)繁子，梅野太輔，斎藤恭一
   日本海水学会誌，**69**，98-104（2015）.
18) 不溶性フェロシアン化コバルトの担持率を高めるための<u>セシウム</u>除去用吸着繊維の新規作製経路の提案
   後藤聖太，天海 亘，藤原邦夫，須郷高信，小島 隆，河合(野間)繁子，梅野太輔，斎藤恭一
   日本海水学会誌，**68**，298-304（2014）.
19) 海水からの<u>ストロンチウム</u>除去のための 6-ナイロン繊維へのチタン化合物の繰り返し析出担持
   河野通克，海野 理，藤原邦夫，須郷高信，小島 隆，梅野太輔，斎藤恭一
   日本海水学会誌，**68**，258-263（2014）.
20) ナイロン繊維に付与したカチオン交換グラフト鎖への含水酸化チタンの析出担持
   中谷友紀，海野 理，杉山まい，藤原邦夫，須郷高信，小島 隆，梅野太輔，斎藤恭一
   日本海水学会誌，**68**，196-201（2014）.
21) 海水からの放射性<u>ストロンチウム</u>除去のためのイオン交換繊維へのチタン酸ナトリウム担持経路の選定
   海野 理，河野通克，藤原邦夫，須郷高信，河合(野間)繁子，梅野太輔，斎藤恭一

日本海水学会誌, **68**, 89-93（2014）.

22) 除染，超純水製造，レアアース精製に向けた無機化合物，酵素，抽出試薬を担持した繊維状分離材料の作製
斎藤恭一
高分子論文集, **71**, 211-222（2014）.

23) 淡水中のセシウム除去のためのビニルベンジルトリメチルアンモニウムクロリド（VBTAC）をグラフト重合した6-ナイロン繊維への不溶性フェロシアン化コバルトの担持
天海 亘，岡村雄介，藤原邦夫，須郷高信，梅野太輔，斎藤恭一
環境放射能除染学会誌, **2**, 93-99（2014）.

24) 不溶性フェロシアン化コバルトおよびニッケル担持繊維の海水中でのセシウムイオンに対する吸着等温線
天海 亘，杉山まい，藤原邦夫，須郷高信，梅野太輔，斎藤恭一
日本海水学会誌, **68**, 18-24（2014）.

25) 海水中のセシウム除去のための吸着繊維の作製
岡村雄介，藤原邦夫，飯島直樹，正田哲也，鈴木晃一，須郷高信，清水 威，板垣龍人，高橋 淳，小野孝之，菊池 隆，染谷孝明，石原 量，小島 隆，梅野太輔，斎藤恭一
日本イオン交換学会誌, **24**, 8-13（2013）.

26) 不溶性フェロシアン化物担持繊維のセシウム吸着容量に及ぼすセシウム水溶液の塩濃度の効果
平山雄祥，岡村雄介，藤原邦夫，須郷高信，梅野太輔，斎藤恭一
化学工学論文集, **39**, 28-32（2013）.

27) 海水からストロンチウムを除去するための吸着繊維の作製
原山貴登，海野 理，内山翔一朗，杉山まい，藤原邦夫，須郷高信，浅井志保，小島 隆，梅野太輔，斎藤恭一
日本海水学会誌, **66**, 295-300（2012）.

28) Removal of cesium using cobalt-ferrocyanide-impregnated polymer-chain-grafted fibers
R. Ishihara, K. Fujiwara, T. Harayama, Y. Okamura, S. Uchiyama, M. Sugiyama, T. Someya, W. Amakai, S. Umino, T. Ono, A. Nide, Y. Hirayama, T. Baba, T. Kojima, D. Umeno, K. Saito, S. Asai, and T. Sugo
*J. Nucl. Sci. Technol.*, **48**, 1281-1284（2011）.

## キレートやイオン交換材料を用いた金属イオンの除去や回収

29) タンニン酸固定繊維を用いた富士山湧き水からのバナジウムの採取
山上和馬，矢島由莉佳，若林英行，藤原邦夫，須郷高信，河合(野間)繁子，梅野太輔，斎藤恭一
日本海水学会誌, **72**, 329-331（2018）.

30) Rapid separation of zirconium using microvolume anion-exchange cartridge for $^{93}$Zr determination with isotope dilution ICP-MS
S. Asai, Y. Hanzawa, M. Konda, D. Suzuki, M. Magara, T. Kimura, R. Ishihara, K. Saito, S. Yamada, and H. Hirota
*Talanta*, **185**, 98-105（2018）.

31) 接ぎ木高分子鎖に固定した核酸塩基及び抽出試薬によるレアメタルの回収
斎藤恭一，浅井志保
分析化学, **66**, 771-782（2017）.

32) 放射線グラフト重合法によるレーヨン基材のホウ素除去用キレート繊維の作製
中村祐樹，平山雄祥，藤原邦夫，須郷高信，河合(野間)繁子，梅野太輔，斎藤恭一

日本海水学会誌, **70**, 255-260 (2016).
33) Crosslinked-chelating porous sheet with high dynamic binding capacity of metal ions
G. Wada, R. Ishihara, K. Miyoshi, D. Umeno, K. Saito, S. Asai, S. Yamada, and H. Hirota
*Solv. Extr. Ion Exchange.*, **31**, 210-220 (2013).
34) Removal of boron using nylon-based chelating fibers
K. Ikeda, D. Umeno, K. Saito, F. Koide, E. Miyata, and T. Sugo
*Ind. Eng. Chem. Res.*, **50**, 5727-5732 (2011).
35) ナイロン繊維にグラフト重合したポリグリシジルメタクリレートへの$N$-メチルグルカミン固定反応に適する溶媒の選択
池田浩輔, 梅野太輔, 菊池　隆, 安藤清人, 須郷高信, 斎藤恭一
日本イオン交換学会誌, **22**, 81-86 (2011).
36) Application of diethylamino-group-containing porous-polymeric-disk-packed cartridge to separation of U in urine sample
S. Asai, T. Kimura, K. Miyoshi, K. Saito, S. Yamada, and H. Hirota
*J. Ion Exchange*, **21**, 334-339 (2010).
37) Separation of U and Pu in spent nuclear fuel sample using anion-exchange-group-introduced porous polymer sheet for ICP-MS determination
S. Asai, M. Magara, N. Shinohara, S. Yamada, M. Nagai, K. Miyoshi, and K. Saito
*Talanta*, **77**, 695-700 (2008).
38) High-performance collection of palladium ions in acidic media using nucleic-acid-base-immobilized porous hollow-fiber membranes
T. Yoshikawa, D. Umeno, K. Saito, and T. Sugo
*J. Membr. Sci.*, **307**, 82-87 (2008).
39) Rapid separation of actinides using an anion-exchange polymer chain grafted onto a porous sheet
S. Asai, M. Magara, S. Sakurai, N. Shinohara, K. Saito, and T. Sugo
*J. Ion Exchange*, **18**, 486-491 (2007).
40) High-throughput solid-phase extraction of metal ions using an iminodiacetate chelating porous disk prepared by graft polymerization
K. Yamashiro, K. Miyoshi, R. Ishihara, D. Umeno, K. Saito, T. Sugo, S. Yamada, H. Fukunaga, and M. Nagai
*J. Chromatogr. A*, **1176**, 37-42 (2007).
41) キレート繊維フィルターを用いる酸化ゲルマニウムの回収
佐藤克行, 秋葉光雄, 白石朋文, 須郷高信, 斎藤恭一
日本イオン交換学会誌, **18**, 9-13 (2007).
42) Recovery of p.t-CEtGeO using chelating porous membranes prepared with various compositions of dioxane/water solvent
T. Mochizuki, K. Saito, K. Sato, M. Akiba, and T. Sugo
*J. Ion Exchange*, **18**, 68-74 (2007).
43) Structure of polyol-ligand-containing polymer brush on the porous membrane for antimony (III) binding
T. Saito, H. Kawakita, K. Uezu, S. Tsuneda, A. Hirata, K. Saito, M. Tamada, and T. Sugo
*J. Membr. Sci.*, **236**, 65-71 (2004).
44) High-speed recovery of antimony using chelating porous hollow-fiber membrane
S. Nishiyama, Kaori Saito, K. Saito, K. Sugita, K. Sato, M. Akiba, T. Saito, S. Tsuneda, A. Hirata,

M. Tamada, and T. Sugo
*J. Membr. Sci.*, **214**, 275-281 (2003).

45) Recovery of cadmium from waste of scallop processing with amidoxime adsorbent synthesized by graft polymerization
T. Shiraishi, M. Tamada, K. Saito, and T. Sugo
*Radiat. Phys. Chem.*, **66**, 43-47 (2003).

46) Convection-aided collection of metal ions using chelating porous flat-sheet membranes
Kaori Saito, K. Saito, K. Sugita, M. Tamada, and T. Sugo
*J. Chromatogr. A*, **954**, 277-283 (2002).

47) キレート多孔性膜を用いる有機ゲルマニウム化合物 p.t-CEtGeO の回収
岡村大祐, 斎藤恭一, 杉田和之, 佐藤克行, 秋葉光雄, 玉田正男, 須郷高信
*Membrane (Maku)*, **27**, 46-51 (2002).

48) ゲルマニウム回収のためのキレート多孔性中空糸膜の作製と吸着特性
H. Kim, M. Kim, 小澤一郎, 斎藤恭一, 杉田和之, 玉田正男, 須郷高信, 佐藤克行, 秋葉光雄, 市村敬司
日本イオン交換学会誌, **13**, 10-14 (2002).

49) High-speed recovery of germanium in a convection-aided mode using functional porous hollow-fiber membranes
I. Ozawa, K. Saito, K. Sugita, K. Sato, M. Akiba, and T. Sugo
*J. Chromatogr. A*, **888**, 43-49 (2000).

50) Binary metal-ion sorption during permeation through chelating porous membrane
S. Konishi, K. Saito, S. Furusaki, and T. Sugo
*J. Membr. Sci.*, **111**, 1-6 (1996).

51) エチレンジアミンを固定したキレート微多孔性膜によるパラジウムの回収
李 国慶, 小西聡史, 斎藤恭一, 古崎新太郎, 須郷高信, 幕内恵三
*Membrane (Maku)*, **20**, 224-228 (1995).

52) High collection rate of Pd in hydrochloric acid medium using chelating microporous membrane
G. Li, S. Konishi, K. Saito, and T. Sugo
*J. Membr. Sci.*, **95**, 63-69 (1994).

53) Sorption kinetics of cobalt in chelating porous membrane
S. Konishi, K. Saito, S. Furusaki, and T. Sugo
*Ind. Eng. Chem. Res.*, **31**, 2722-2727 (1992).

54) Introduction of a high-density chelating group into a porous membrane without lowering the flux
H. Yamagishi, K. Saito, S. Furusaki, T. Sugo, and I. Ishigaki
*Ind. Eng. Chem. Res.*, **30**, 2234-2237 (1991).

55) Metal collection using chelating hollow-fiber membrane
S. Tsuneda, K. Saito, S. Furusaki, T. Sugo, and J. Okamoto
*J. Membr. Sci.*, **58**, 221-234 (1991).

56) Synthesis of new polymers containing tannin
M. Kim, K. Saito, S. Furusaki, T. Sugo, and J. Okamoto
*J. Appl. Polym. Sci.*, **39**, 855-863 (1990).

57) Novel hollow-fiber membrane for the removal of metal ion during permeation: preparation by radiation-induced cografting of a cross-linking agent with reactive monomer
K. Saito, M. Ito, H. Yamagishi, S. Furusaki, T. Sugo, and J. Okamoto

*Ind. Eng. Chem. Res.*, **28**, 1808-1812 (1989).
58) Phosphorylated hollow fibers synthesized by radiation grafting and cross-linking
K. Saito, T. Kaga, H. Yamagishi, S. Furusaki, T. Sugo, and J. Okamoto
*J. Membr. Sci.*, **43**, 131-141 (1989).

## 抽出試薬担持材料を用いた金属イオンの回収

59) High-resolution separation of <u>neodymium</u> and <u>dysprosium</u> ions utilizing extractant-impregnated graft-type particles
S. Uchiyama, T. Sasaki, R. Ishihara, K. Fujiwara, T. Sugo, D. Umeno, and K. Saito
*J. Chromatogr. A*, **1533**, 10-16 (2018).
60) 抽出試薬担持繊維を用いた塩酸溶液からの<u>パラジウム</u>の回収
中村祐樹, 藤原邦夫, 須郷高信, 河合(野間)繁子, 梅野太輔, 斎藤恭一
化学工学論文集, **42**, 113-118 (2016).
61) リン酸ビス(2-エチルヘキシル)(HDEHP)担持繊維充填カラムを用いた固相抽出法に基づく溶出クロマトグラフィーによる<u>Nd</u>と<u>Dy</u>の分離
佐々木貴明, 内山翔一朗, 藤原邦夫, 須郷高信, 梅野太輔, 斎藤恭一
化学工学論文集, **41**, 220-227 (2015).
62) Simple method for high-density impregnation of Aliquat 336 onto porous sheet and binding performance of resulting sheet for <u>palladium</u> ions
R. Tanaka, R. Ishihara, K. Miyoshi, D. Umeno, K. Saito, S. Asai, S. Yamada, and H. Hirota
*Sep. Sci. Technol.*, **49**, 154-159 (2014).
63) ドデシルアミノ基を有するグラフト鎖上に担持した酸性抽出試薬リン酸ビス(2-エチルヘキシル)(HDEHP)とドデカンに溶解したHDEHPの<u>レアアース</u>抽出での類似性
佐々木貴明, 内山翔一朗, 藤原邦夫, 須郷高信, 梅野太輔, 斎藤恭一
化学工学論文集, **40**, 404-409 (2014).
64) Dependence of <u>lanthanide</u>-ion binding performance on HDEHP concentration in HDEHP impregnation to porous sheet
R. Ishihara, S. Asai, S. Otosaka, S. Yamada, H. Hirota, K. Miyoshi, D. Umeno, and K. Saito
*Solv. Extr. Ion Exchange*, **30**, 171-180 (2012).
65) Modification of a hydrophobic-ligand-containing porous sheet using tri-*n*-octylphosphine oxide, and its adsorption/elution of <u>bismuth</u> ions
R. Tanaka, R. Ishihara, K. Miyoshi, D. Umeno, K. Saito, S. Asai, S. Yamada, and H. Hirota
*React. Funct. Polym.*, **70**, 986-990 (2010).
66) 多孔性膜に接ぎ木した疎水基-親水基共存型高分子鎖への中性抽出試薬の担持
澤木健太, 浅井志保, 渡部和男, 須郷高信, 斎藤恭一
*Membrane (Maku)*, **33**, 32-38 (2008).
67) Aliquat 336担持多孔性中空糸膜の担持量と液透過性に及ぼすAliquat 336濃度と溶媒組成の効果
浅井志保, 渡部和男, 須郷高信, 斎藤恭一
*Membrane (Maku)*, **32**, 168-174 (2007).
68) アルキルアミノ基およびアルカンチオール基を導入したグラフト鎖搭載多孔性膜への酸性抽出試薬Cyanex 272の担持
澤木健太, 土門さや香, 浅井志保, 渡部和男, 須郷高信, 斎藤恭一
*Membrane (Maku)*, **32**, 109-115 (2007).

69) Preparation of extractant-impregnated porous sheets for high-speed separation of radionuclides
   R. Ishihara, D. Umeno, K. Saito, S. Asai, S. Sakurai, N. Shinohara, and T. Sugo
   *J. Ion Exchange*, **18**, 480-485 (2007).
70) Preparation of Aliquat 336-impregnated porous membrane
   S. Asai, K. Watanabe, K. Saito, and T. Sugo
   *J. Membr. Sci.*, **281**, 195-202 (2006).
71) Preparation of an extractant-impregnated porous membrane for the high-speed separation of a metal ion
   S. Asai, K. Watanabe, T. Sugo, and K. Saito
   *J. Chromatogr. A*, **1094**, 158-164 (2005).
72) Interaction between an acidic extractant and an octadecylamino group introduced into a grafted polymer chain
   S. Asai, K. Watanabe, T. Sugo, and K. Saito
   *Sep. Sci. Technol.*, **40**, 3349-3364 (2005).
73) Selection of the alkylamino group introduced into the polymer chain grafted onto a porous membrane for the impregnation of an acidic extractant
   S. Domon, S. Asai, K. Saito, K. Watanabe, and T. Sugo
   *J. Membr. Sci.*, **262**, 153-158 (2005).

## タンパク質の精製

### イオン交換

74) アクリル酸グラフト繊維を用いた高濃度なリン酸緩衝液中でのリゾチームの高容量吸着
   松﨑優香，板橋長史，河合(野間)繁子，梅野太輔，斎藤恭一
   *RADIOISOTOPES*, **67**, 321-328 (2018).
75) 放射線前照射乳化グラフト重合法を適用したタンパク質を高容量に吸着するためのカチオン交換繊維の作製
   松﨑優香，工藤大樹，小島　隆，河合(野間)繁子，梅野太輔，斎藤恭一
   化学工学論文集，**43**, 88-94 (2017).
76) 放射線乳化グラフト重合法を用いた抗体高速精製のためのアニオン交換繊維の作製
   工藤大樹，松﨑優香，河合(野間)繁子，梅野太輔，斎藤恭一
   *RADIOISOTOPES*, **66**, 1-7 (2017).
77) ジアミン固定型アニオン交換多孔性中空糸膜の透過流束およびタンパク質吸着容量
   工藤大樹，新出　挙，後藤聖太，河合(野間)繁子，梅野太輔，斎藤恭一
   *Membrane (Maku)*, **40**, 216-222 (2015).
78) グラフト鎖へのアニオン交換基の導入部位の制御によるアニオン交換多孔性中空糸膜の再生に要する緩衝液量の削減
   新出　挙，河合(野間)繁子，梅野太輔，斎藤恭一
   *Membrane (Maku)*, **39**, 258-263 (2014).
79) 放射線グラフト重合法の多孔性材料への適用による理想の分離材料の作製
   斎藤恭一
   高分子論文集，**71**, 302-312 (2014).
80) Protein-binding characteristics of anion-exchange particles prepared by radiation-induced graft polymerization at low temperatures

Y. Shimoda, Y. Sekiya, D. Umeno, K. Saito, G. Furumoto, H. Shirataki, N. Shinohara, and N. Kubota
*J. Chem. Eng. Jpn.*, **46**, 588-592 (2013).

81) Dependence of protein binding capacity of dimethylamino-γ-butyric-acid (DMGABA)-immobilized porous membrane on composition of solvent used for DMGABA immobilization
A. Iwanade, D. Umeno, K. Saito, and T. Sugo
*Radiat. Phys. Chem.*, **87**, 53-58 (2013).

82) カチオン交換ポリマーブラシ搭載粒子および市販カチオン交換ビーズの充填カラムを使った溶出クロマトグラフィーでのタンパク質の分離度の比較
染谷孝明，岡村雄介，和田 剛，霜田祐一，梅野太輔，斎藤恭一，篠原直志，久保田 昇
日本イオン交換学会誌，**24**，1-7（2013）．

83) Protein resolution in elution chromatography using novel cation-exchange polymer-brush-immobilized particles
T. Harayama, Y. Okamura, Y. Shimoda, D. Umeno, K. Saito, N. Shinohara, and N. Kubota,
*J. Chem. Eng. Jpn.*, **45**, 896-902 (2012).

84) 放射線グラフト重合法を用いたタンパク質高速回収用カチオン交換粒子の作製
関谷裕太，霜田祐一，梅野太輔，斎藤恭一，古本五郎，白瀧浩伸，篠原直志，久保田 昇
日本イオン交換学会誌，**21**, 29-34（2010）．

85) Protein binding characteristics of amphoteric polymer brushes grafted onto porous hollow-fiber membrane
A. Iwanade, T. Nomoto, D. Umeno, K. Saito, and T. Sugo
*J. Ion Exchange*, **18**, 492-497 (2007).

86) Protein binding to amphoteric polymer brushes grafted onto a porous hollow-fiber membrane
A. Iwanade, D. Umeno, K. Saito, and T. Sugo
*Biotechnol. Prog.*, **23**, 1425-1430 (2007).

87) gelsolin 精製におけるアニオン交換グラフト鎖搭載多孔性膜とアニオン交換ビーズカラムとの性能比較
吉川 聖，萩原京平，斎藤恭一，片山栄作，東條 正，須郷高信
日本イオン交換学会誌，**18**，2-8（2007）．

88) イオン交換多孔性膜に吸着した gelsolin のアフィニティ溶出
米津慎二，斎藤恭一，片山栄作，東條 正，白石朋文，須郷高信
*Membrane (Maku)*, **30**, 269-274 (2005).

89) High-performance purification of gelsolin from plasma using anion-exchange porous hollow-fiber membrane
K. Hagiwara, S. Yonedu, K. Saito, T. Shiraishi, T. Sugo, T. Tojyo, and E. Katayama
*J. Chromatogr. B*, **821**, 153-158 (2005).

90) Solvent effect on protein binding by polymer brush grafted onto porous membrane
D. Okamura, K. Saito, K. Sugita, M. Tamada, and T. Sugo
*J. Chromatogr. A*, **953**, 101-109 (2002).

91) Multilayer binding of proteins to polymer chains grafted onto porous hollow-fiber membranes containing different anion-exchange groups
I. Koguma, K. Sugita, K. Saito, and T. Sugo
*Biotechnol. Prog.*, **16**, 456-461 (2000).

92) Radiation-induced graft polymerization is the key to develop high-performance functional materials for protein purification

K. Saito, S. Tsuneda, M. Kim, N. Kubota, K. Sugita, and T. Sugo
*Radiat. Phys. Chem.*, **54**, 517-525 (1999).

93) Ionic crosslinking of $SO_3H$-group-containing graft chains helps to capture lysozyme in a permeation mode
N. Sasagawa, K. Saito, K. Sugita, S. Kunori, and T. Sugo
*J. Chromatogr. A*, **848**, 161-168 (1999).

94) Protein adsorption characteristics of a sulfonic-acid-group-containing nonwoven fabric
M. Kim, M. Sasaki, K. Saito, K. Sugita, and T. Sugo
*Biotechnol. Prog.*, **14**, 661-663 (1998).

95) アニオン交換多孔性中空糸膜への二成分タンパク質の吸着特性
笹川伸之, 斎藤恭一, 杉田和之, 小笠原 健, 須郷高信
日本イオン交換学会誌, **9**, 74-80 (1998).

96) 多孔性アニオン交換中空糸膜モジュールのタンパク質吸着および溶出性能
久保田 昇, 今野義孝, 斎藤恭一, 杉田和之, 渡辺幸平, 須郷高信
*Membrane (Maku)*, **22**, 105-110 (1997).

97) Module performance of anion-exchange porous hollow-fiber membranes for high-speed protein recovery
N. Kubota, Y. Konno, K. Saito, K. Sugita, K. Watanabe, and T. Sugo
*J. Chromatogr. A*, **782**, 159-165 (1997).

98) Comparison of two convection-aided protein adsorption methods using porous membranes and perfusion beads
N. Kubota, Y. Konno, S. Miura, K. Saito, K. Sugita, K. Watanabe, and T. Sugo
*Biotechnol. Prog.*, **12**, 869-872 (1996).

99) Comparison of protein adsorption by anion-exchange interaction onto porous hollow-fiber membrane and gel bead-packed bed
N. Kubota, S. Miura, K. Saito, K. Sugita, K. Watanabe, and T. Sugo
*J. Membr. Sci.*, **117**, 135-142 (1996).

100) Highly efficient enzyme recovery using a porous membrane with immobilized tentacle polymer chains
S. Matoba, S. Tsuneda, K. Saito, and T. Sugo
*Bio/Technology*, **13**, 795-797 (1995).

101) Protein adsorption characteristics of porous and tentacle anion-exchange membrane prepared by radiation-induced graft polymerization
S. Tsuneda, K. Saito, T. Sugo, and K. Makuuchi
*Radiat. Phys. Chem.*, **46**, 239-245 (1995).

102) Hydrodynamic evaluation of three-dimensional adsorption of protein to a polymer brush grafted onto a porous substrate
S. Tsuneda, H. Kagawa, K. Saito, and T. Sugo
*J. Colloid Interf. Sci.*, **176**, 95-100 (1995).

103) High-throughput processing of protein using a porous and tentacle anion-exchange membrane
S. Tsuneda, K. Saito, S. Furusaki, and T. Sugo
*J. Chromatogr. A*, **689**, 211-218 (1995).

104) Binding of lysozyme onto a cation-exchange microporous membrane containing tentacle-type grafted polymer branches

S. Tsuneda, H. Shinano, K. Saito, S. Furusaki, and T. Sugo
*Biotechnol. Prog.*, **10**, 76-81 (1994).
105) Ion exchange of lysozyme during permeation across a microporous sulfopropyl-group-containing hollow fiber
H. Shinano, S. Tsuneda, K. Saito, S. Furusaki, and T. Sugo
*Biotechnol. Prog.*, **9**, 193-198 (1993).

### サイズ排除
106) 多孔性中空糸膜の孔表面へのサイズ排除型グラフト鎖の付与
芝原隆二，萩原京平，梅野太輔，斎藤恭一，須郷高信
*Membrane (Maku)*, **34**, 220-226 (2009).

### 疎水性相互作用
107) Repeated use of a hydrophobic ligand-containing porous membrane for protein recovery
N. Kubota, M. Kounosu, K. Saito, K. Sugita, K. Watanabe, and T. Sugo
*J. Membr. Sci.*, **134**, 67-73 (1997).
108) Protein adsorption and elution performances of porous hollow-fiber membranes containing various hydrophobic ligands
N. Kubota, M. Kounosu, K. Saito, K. Sugita, K. Watanabe, and T. Sugo
*Biotechnol. Prog.*, **13**, 89-95 (1997).
109) Control of phenyl-group site introduced on the graft chain for hydrophobic interaction chromatography
N. Kubota, M. Kounosu, K. Saito, K. Sugita, K. Watanabe, and T. Sugo
*React. Polym.*, **29**, 115-122 (1996).
110) Preparation of a hydrophobic porous membrane containing phenyl groups and its protein adsorption performance
N. Kubota, M. Kounosu, K. Saito, K. Sugita, K. Watanabe, and T. Sugo
*J. Chromatogr. A*, **718**, 27-34 (1995).

### アフィニティ
111) Immobilization of an esterase inhibitor on a porous hollow-fiber membrane by radiation-induced graft polymerization for developing a diagnostic tool for feline kidney diseases
S. Matsuno, D. Umeno, M. Miyazaki, Y. Suzuta, K. Saito, and T. Yamashita
*Biosci. Biotechnol. Biochem.*, **77**, 2061-2064 (2013).
112) デュアルリガンド固定多孔性中空糸膜を用いたタンパク質のデュアルアフィニティ吸着の提案
田村　慧，松野伸哉，片山栄作，梅野太輔，斎藤恭一
*Membrane (Maku)*, **37**, 95-101 (2012).
113) ガリウムイオン固定多孔性中空糸膜へのリン酸化チロシンの吸着
門馬友紀，梅野太輔，斎藤恭一，須郷高信
*Membrane (Maku)*, **35**, 242-247 (2010).
114) ニッケルイオン固定多孔性中空糸膜を用いたHis-tagタンパク質のアフィニティ精製
金　慶子，萩原京平，梅野太輔，斎藤恭一，須郷高信
*Membrane (Maku)*, **34**, 233-238 (2009).
115) 固定化金属アフィニティ多孔性シートを用いるタンパク質の精製
山城康平，三好和義，石原　量，安野佳代，梅野太輔，斎藤恭一，須郷高信，山田伸介，

杉浦雅人, 福永浩之, 永井正則
日本イオン交換学会誌, **19**, 101-106 (2008).

116) <u>Protein</u> adsorption capacity of a porous phenylalanine-containing membrane based on a polyethylene matrix
M. Kim, K. Saito, S. Furusaki, T. Sugo, and I. Ishigaki
*J. Chromatogr.*, **586**, 27-33 (1991).

117) Adsorption and elution of bovine $\gamma$-<u>globulin</u> using an affinity membrane containing hydrophobic amino acids as ligands
M. Kim, K. Saito, S. Furusaki, T. Sugo, and I. Ishigaki
*J. Chromatogr.*, **585**, 45-51 (1991).

118) Adsorption characteristics of an immobilized metal affinity membrane
H. Iwata, K. Saito, S. Furusaki, T. Sugo, and J. Okamoto
*Biotechnol. Prog.*, **7**, 412-418 (1991).

### 親水性相互作用

119) Reduction of nonselective adsorption of <u>proteins</u> by hydrophilization of microfiltration membranes by radiation-induced grafting
M. Kim, J. Kojima, K. Saito, S. Furusaki, and T. Sugo
*Biotechnol. Prog.*, **10**, 114-120 (1994).

120) Comparison of <u>BSA</u> adsorption and <u>Fe</u> sorption to the diol group and tannin immobilized onto a microfiltration membrane
M. Kim, K. Saito, S. Furusaki, and T. Sugo
*J. Membr. Sci.*, **85**, 21-28 (1993).

121) Water flux and <u>protein</u> adsorption of a hollow fiber modified with hydroxyl groups
M. Kim, K. Saito, S. Furusaki, T. Sugo, and J. Okamoto
*J. Membr. Sci.*, **56**, 289-302 (1991).

## 緑茶飲料からのカテキン・カフェイン除去

122) タンニン酸固定繊維を用いたカフェイン吸着と熱水による<u>カフェイン</u>の溶離
山上和馬, 松浦佑樹, 河合(野間)繁子, 梅野太輔, 斎藤恭一, 藤原邦夫, 須郷高信, 矢島由莉佳, 日置淳平, 塩野貴史, 若林英行
化学工学論文集, **44**, 298-302 (2018).

123) $N$-ビニルアセトアミドグラフト重合繊維による緑茶抽出液中からの<u>カテキン</u>の吸着
松浦佑樹, 川村竜之介, 河合(野間)繁子, 梅野太輔, 斎藤恭一, 藤原邦夫, 須郷高信, 矢島由莉佳, 日置淳平, 若林英行
*RADIOISOTOPES*, **67**, 551-557 (2018).

124) $N$-ビニルピロリドン (NVP) グラフト重合繊維を用いた緑茶抽出液中の<u>カテキン</u>の吸着および水酸化ナトリウム水溶液を用いたカテキンの抽出
川村竜之介, 後藤聖太, 松浦佑樹, 河合(野間)繁子, 梅野太輔, 斎藤恭一, 藤原邦夫, 須郷高信, 矢島由莉佳, 木下亜希子, 工藤あずさ, 日置淳平, 若林英行
化学工学論文集, **44**, 99-102 (2018).

## キラル分離

125) Comparison of L-tryptophan binding capacity of BSA captured by a polymer brush with that of BSA adsorbed onto a gel network
    H. Ito, M. Nakamura, K. Saito, K. Sugita, and T. Sugo
    *J. Chromatogr. A*, **925**, 41-47 (2001).
126) High resolution of DL-tryptophan at high flow rates using a bovine serum albumin-multilayered porous hollow-fiber membrane
    M. Nakamura, S. Kiyohara, K. Saito, K. Sugita, and T. Sugo
    *Anal. Chem.*, **71**, 1323-1325 (1999).
127) Binding of DL-tryptophan to BSA adsorbed in multilayers by polymer chains grafted onto a porous hollow-fiber membrane in a permeation mode
    S. Kiyohara, M. Nakamura, K. Saito, K. Sugita, and T. Sugo
    *J. Membr. Sci.*, **152**, 143-149 (1999).
128) Chiral separation of DL-tryptophan using porous membranes containing multilayered bovine serum albumin crosslinked with glutaraldehyde
    M. Nakamura, S. Kiyohara, K. Saito, K. Sugita, and T. Sugo
    *J. Chromatogr. A*, **822**, 53-58 (1998).
129) ウシ血清アルブミン多層吸着多孔性膜を用いたトリプトファンのキラル分離
    小熊一郎, 中村昌則, 斎藤恭一, 杉田和之, 清原 恵, 須郷高信
    化学工学論文集, **24**, 458-461 (1998).

## 固定化酵素

130) 水中の過酸化水素を高速分解するためのカタラーゼ固定繊維とパラジウム担持繊維の作製
    川島 青, 杉山まい, 藤原邦夫, 須郷高信, 菊池 隆, 小出富士夫, 狩野久直, 河合(野間)繁子, 梅野太輔, 斎藤恭一
    *RADIOISOTOPES*, **64**, 501-507 (2015).
131) Removal of urea from water using urease-immobilized fibers
    M. Sugiyama, K. Ikeda, D. Umeno, K. Saito, T. Kikuchi, and K. Ando
    *J. Chem. Eng. Japan*, **46**, 509-513 (2013).
132) Skin-layer formation of porous membrane by immobilized dextransucrase
    H. Kawakita, K. Saito, K. Sugita, M. Tamada, T. Sugo, and H. Kawamoto
    *AIChE J.*, **50**, 696-700 (2004).
133) Production of tripeptide from gelatin using collagenase-immobilized porous hollow-fiber membrane
    A. Fujita, H. Kawakita, K. Saito, K. Sugita, M. Tamada, and T. Sugo
    *Biotechnol. Prog.*, **19**, 1365-1367 (2003).
134) Highly multilayered urease decomposes highly concentrated urea
    S. Kobayashi, S. Yonezu, H. Kawakita, K. Saito, K. Sugita, M. Tamada, T. Sugo, and W. Lee
    *Biotechnol. Prog.*, **19**, 396-399 (2003).
135) Production of cycloisomaltooligosaccharides from dextran using enzyme immobilized in multilayers onto porous membranes
    H. Kawakita, K. Sugita, K. Saito, M. Tamada, T. Sugo, and H. Kawamoto
    *Biotechnol. Prog.*, **18**, 465-469 (2002).

136) Conversion of dextran to cycloisomaltooligosaccharides using enzyme-immobilized porous hollow-fiber membrane
T. Kawai, H. Kawakita, K. Sugita, K. Saito, M. Tamada, T. Sugo, and H. Kawamoto
*J. Agric. Food Sci.*, **50**, 1073-1076 (2002).

137) Optimization of reaction conditions in production of cycloisomaltooligosaccharides using enzyme immobilized in multilayers onto pore surface of porous hollow-fiber membranes
H. Kawakita, K. Sugita, K. Saito, M. Tamada, T. Sugo, and H. Kawamoto
*J. Membr. Sci.*, **205**, 175-182 (2002).

138) High-throughput of hydrolysis of starch during permeation across amylase-immobilized porous hollow-fiber membrane
S. Miura, N. Kubota, H. Kawakita, K. Saito, K. Sugita, K. Watanabe, and T. Sugo
*Radiat. Phys. Chem.*, **63**, 143-149 (2002).

139) Immobilization of ascorbic acid oxidase in multilayers onto porous hollow-fiber membrane
T. Kawai, K. Saito, K. Sugita, T. Sugo, and H. Misaki
*J. Membr. Sci.*, **191**, 207-213 (2001).

140) High conversion in asymmetric hydrolysis during permeation through enzyme-multilayered porous hollow-fiber membranes
T. Kawai, M. Nakamura, K. Sugita, K. Saito, and T. Sugo
*Biotechnol. Prog.*, **17**, 872-875 (2001).

141) Extension and shrinkage of polymer brush grafted onto porous membrane induced by protein binding
T. Kawai, K. Sugita, K. Saito, and T. Sugo
*Macromolecules*, **33**, 1306-1309 (2000).

142) アミノアシラーゼ多層架橋固定膜のバイオリアクターへの応用
中村昌則, 斎藤恭一, 杉田和之, 須郷高信
*Membrane (Maku)*, **23**, 316-321 (1998).

## 製塩用イオン交換膜

143) 電子線グラフト重合法によるポリエチレン基材製塩用イオン交換膜の製造（その3）1価イオン選択透過性能をもつ陰イオン交換膜
永谷 剛, 佐々木貴明, 斎藤恭一
*Membrane (Maku)*, **43**, 231-237 (2018).

144) 電子線グラフト重合法によるポリエチレン基材製塩用イオン交換膜の製造（その2）陰イオン交換膜
永谷 剛, 佐々木貴明, 斎藤恭一
日本海水学会誌, **72**, 96-103 (2018).

145) 電子線グラフト重合法によるポリエチレン基材製塩用イオン交換膜の製造（その1）陽イオン交換膜
永谷 剛, 佐々木貴明, 斎藤恭一
日本海水学会誌, **71**, 300-307 (2017).

146) 電気透析槽の電気抵抗の低減をめざした放射線グラフト重合法によるイオン交換スペーサーの作製
平山雄祥, 藤原邦夫, 須郷高信, 河原武男, 吉江清敬, 有冨俊男, 河合(野間)繁子, 梅野太輔, 斎藤恭一

日本海水学会誌, **68**, 336-340（2014）.
147) 電子線グラフト重合法を適用した1価イオン選択透過性をもつ製塩用陽イオン交換膜の作製
石森啓太, 宮澤忠士, 浅利勇紀, 三好和義, 梅野太輔, 斎藤恭一, 水口和夫, 有冨俊男, 吉江清敬
日本海水学会誌, **65**, 35-41（2011）.
148) 電子線グラフト重合法による製塩用イオン交換膜の開発
（第4報）ナイロン6製フィルムを基材とした陽イオン交換膜の高分子構造
宮澤忠士, 浅利勇紀, 三好和義, 梅野太輔, 斎藤恭一, 永谷　剛, 吉川直人, 元川竜平, 小泉　智
日本海水学会誌, **64**, 360-365（2010）.
149) 電子線グラフト重合法による製塩用イオン交換膜の開発
（第3報）高密度ポリエチレン製フィルムへのグリシジルメタクリレートおよびジビニルベンゼンの共グラフト重合
浅利勇紀, 宮澤忠士, 三好和義, 梅野太輔, 斎藤恭一, 永谷　剛, 吉川直人
日本海水学会誌, **63**, 387-394（2009）.
150) 電子線グラフト重合法による製塩用イオン交換膜の開発
（第2報）ナイロンフィルムへのビニルベンジルトリメチルアンモニウムクロライドおよびスチレンスルホン酸ナトリウムのグラフト重合
宮澤忠士, 浅利勇紀, 三好和義, 梅野太輔, 斎藤恭一, 永谷　剛, 吉川直人
日本海水学会誌, **63**, 175-182（2009）.
151) 電子線グラフト重合法による製塩用イオン交換膜の開発
（第1報）フィルム基材の材質の選択
三好和義, 宮澤忠士, 佐藤直大, 梅野太輔, 斎藤恭一, 永谷　剛, 吉川直人
日本海水学会誌, **63**, 167-174（2009）.

## 海水からのウラン採取

152) Aquaculture of uranium in seawater by a fabric-adsorbent submerged system
N. Seko, A. Katakai, S. Hasegawa, M. Tamada, N. Kasai, H. Takeda, T. Sugo, and K. Saito
*Nucl. Technol.*, **144**, 274-278（2003）.
153) Comparison of amidoxime adsorbents prepared by cografting of methacrylic acid and 2-hydroxyethyl methacrylate with acrylonitrile onto polyethylene
T. Kawai, K. Saito, K. Sugita, A. Katakai, N. Seko, T. Sugo, J. Kanno, and T. Kawakami
*Ind. Eng. Chem. Res.*, **39**, 2910-2915（2000）.
154) Preparation of hydrophilic amidoxime fibers by cografting acrylonitrile and methacrylic acid from an optimized monomer composition
T. Kawai, K. Saito, K. Sugita, T. Kawakami, J. Kanno, A. Katakai, N. Seko, and T. Sugo
*Radiat. Phys. Chem.*, **59**, 405-411（2000）.
155) アクリロニトリルとメタクリル酸との共グラフト重合不織布のアミドキシム化による吸着材の作成および実海域吸着実験
片貝秋雄, 瀬古典明, 川上尚志, 斎藤恭一, 須郷高信
日本海水学会誌, **53**, 180-184（1999）.
156) 放射線共グラフト重合法により作成したアミドキシム吸着材の海域でのウラン吸着
片貝秋雄, 瀬古典明, 川上尚志, 斎藤恭一, 須郷高信
日本原子力学会誌, **40**, 878-880（1998）.

157) Effect of seawater temperature on uranium recovery from seawater using amidoxime adsorbents
K. Sekiguchi, K. Saito, S. Konishi, S. Furusaki, T. Sugo, and H. Nobukawa
*Ind. Eng. Chem. Res.*, **33**, 662-666 (1994).

158) Uranium uptake during permeation of seawater through amidoxime-group-immobilized micropores
K. Sekiguchi, K. Serizawa, S. Konishi, K. Saito, S. Furusaki, and T. Sugo
*React. Polym.*, **23**, 141-145 (1994).

159) 海水ウラン吸着性能に及ぼす海水濾過の効果
小西聡史, 山田英夫, 斎藤恭一, 古崎新太郎, 須郷高信, 岡本次郎
日本原子力学会誌, **33**, 703-708 (1991).

160) Adsorption and elution in hollow-fiber-packed bed for recovery of uranium from seawater
T. Takeda, K. Saito, K. Uezu, S. Furusaki, T. Sugo, and J. Okamoto
*Ind. Eng. Chem. Res.*, **30**, 185-190 (1991).

161) Optimum preparation conditions of amidoxime hollow fiber synthesized by radiation-induced grafting
K. Saito, T. Yamaguchi, K. Uezu, S. Furusaki, T. Sugo, and J. Okamoto
*J. Appl. Polym. Sci.*, **39**, 2153-2163 (1990).

162) 海水ウラン採取用のキャピラリー繊維を充填した吸着ユニットの海流利用方式への適用
上江洲一也, 斎藤恭一, 古崎新太郎, 須郷高信, 岡本次郎
日本原子力学会誌, **32**, 919-924 (1990).

163) Recovery of uranium from seawater using amidoxime hollow fibers
K. Saito, K. Uezu, T. Hori, S. Furusaki, T. Sugo, and J. Okamoto
*AIChE J.*, **34**, 411-416 (1988).

164) 海水ウラン採取用キャピラリー繊維状キレート樹脂充填カラムの性能評価
上江洲一也, 斎藤恭一, 古崎新太郎, 須郷高信, 岡本次郎
日本原子力学会誌, **30**, 359-364 (1988).

165) 放射線グラフト重合法により合成したアミドキシム樹脂の特性に対する酸およびアルカリ処理の効果
堀 隆博, 斎藤恭一, 古崎新太郎, 須郷高信, 岡本次郎
日本化学会誌, **1988**, 1607-1611 (1988).

166) Porous amidoxime-group-containing membrane for the recovery of uranium from seawater
K. Saito, T. Hori, S. Furusaki, T. Sugo, and J. Okamoto
*Ind. Eng. Chem. Res.*, **26**, 1977-1981 (1987).

167) アミドキシム型キレート樹脂の海水ウラン吸着平衡特性
堀 隆博, 斎藤恭一, 古崎新太郎, 須郷高信, 岡本次郎
化学工学論文集, **13**, 795-800 (1987).

168) Characteristics of uranium adsorption by amidoxime membrane synthesized by radiation-induced graft polymerization
K. Saito, S. Yamada, S. Furusaki, T. Sugo, and J. Okamoto
*J. Membr. Sci.*, **34**, 307-315 (1987).

169) 放射線グラフト重合法によるウラン吸着用中空糸状アミドキシム樹脂の合成
堀 隆博, 斎藤恭一, 古崎新太郎, 須郷高信, 岡本次郎
日本化学会誌, **1986**, 1792-1798 (1986).

## その他

170) Electrodialysis of sulfuric acid with cation-exchange membranes prepared by electron-beam-induced graft polymerization
 Y. Asai, N. Shoji, K. Miyoshi, D. Umeno, and K. Saito
 *J. Ion Exchange*, **22**, 53-57 (2011).
171) ブロモブチルスチレンのポリエチレンフィルムへの電子線グラフト重合による耐熱性および耐アルカリ性陰イオン交換膜の作製
 宮崎公平, 正司信義, 浅利勇紀, 三好和義, 梅野太輔, 斎藤恭一
 *Membrane (Maku)*, **35**, 305-310 (2010).
172) Proton transport through polyethylene-tetrafluoroethylene-copolymer-based membrane containing sulfonic acid group prepared by RIGP
 W. Lee, A. Shibasaki, K. Saito, K. Sugita, K. Okuyama, and T. Sugo
 *J. Electrochem. Soc.*, **143**, 2795-2799 (1996).
173) Novel ion-exchange membranes for electrodialysis prepared by radiation-induced graft polymerization
 S. Tsuneda, K. Saito, H. Mitsuhara, and T. Sugo
 *J. Electrochem. Soc.*, **142**, 3659-3663 (1995).
174) パルプボールを基材とした脱臭材の性能評価（第1報）アンモニアに対する脱臭性能
 大河原忠義, 斎藤恭一
 環境技術, **22**, 272-275 (1993).
175) Design of urea-permeable anion-exchange membrane by radiation-induced graft polymerization
 W. Lee, K. Saito, S. Furusaki, T. Sugo, and K. Makuuchi
 *J. Membr. Sci.*, **81**, 295-305 (1993).

## 2　グラフト鎖をはかる

176) Effect of dose on mole percentages of polymer brush and root grafted onto porous polyethylene sheet by radiation-induced graft polymerization
 R. Ishihara, S. Uchiyama, H. Ikezawa, S. Yamada, H. Hirota, D. Umeno, and K. Saito
 *Ind. Eng. Chem. Res.*, **52**, 12582-12586 (2013).
177) Determination of mole percentages of brush and root of polymer chain grafted onto porous sheet
 S. Uchiyama, R. Ishihara, D. Umeno, K. Saito, S. Yamada, H. Hirota, and S. Asai
 *J. Chem. Eng. Jpn.*, **46**, 414-419 (2013).
178) 架橋型キレート多孔性シートの動的吸着容量の空間速度依存性
 和田　剛, 石原　量, 三好和義, 梅野太輔, 斎藤恭一, 浅井志保, 山田伸介, 廣田英幸
 日本イオン交換学会誌, **22**, 47-52 (2011).
179) 細孔表面に固定したカルボキシベタイン基による多孔性膜へのタンパク質の吸着の抑制
 松野伸哉, 岩撫暁生, 梅野太輔, 斎藤恭一, 伊藤　一, 坂本雅司
 *Membrane (Maku)*, **35**, 86-92 (2010).
180) Binding of ionic surfactants to charged polymer brushes grafted onto porous substrates

H. Ogawa, K. Sugita, K. Saito, M. Kim, M. Tamada, A. Katakai, and T. Sugo
*J. Chromatogr. A*, **954**, 89-97 (2002).
181) 放射線グラフト重合法におけるグリシジルメタクリレートモノマーのアルコール溶媒がカチオン交換多孔性膜の性能に及ぼす効果
岡村大祐, 斎藤恭一, 杉田之, 玉田正男, 須郷高信
*Membrane (Maku)*, **27**, 196-201 (2002).
182) Terminally anchored polymer brushes on a semicrystalline microporous polyethylene fiber
W. Lee, S. Furusaki, J. Kanno, K. Saito, and T. Sugo
*Chem. Mater.*, **11**, 3091-3095 (1999).
183) Fluorescence study on the conformational change of an amino group-containing polymer chain grafted onto a polyethylene microfiltration membrane
S. Tsuneda, T. Endo, K. Saito, K. Sugita, K. Horie, T. Yamashita, and T. Sugo
*Macromolecules*, **31**, 366-370 (1998).
184) Tailoring a brush-type interface favorable for capturing microbial cells
W. Lee, S. Furusaki, K. Saito, and T. Sugo
*J. Colloid Interf. Sci.*, **200**, 66-73 (1998).
185) Capture of microbial cells on brush-type polymeric materials bearing different functional groups
W. Lee, K. Saito, S. Furusaki, and T. Sugo
*Biotechnol. Bioeng.*, **53**, 523-528 (1997).
186) Local mobility of polymer chain grafted onto polyethylene monitored by fluorescence depolarization
S. Tsuneda, T. Endo, K. Saito, K. Sugita, K. Horie, T. Yamashita, and T. Sugo
*Chem. Phys. Lett.*, **275**, 203-210 (1997).
187) Adsorption kinetics of microbial cells onto a novel brush-type polymeric material prepared by radiation-induced graft polymerization
W. Lee, S. Furusaki, K. Saito, T. Sugo, and K. Makuuchi
*Biotechnol. Prog.*, **12**, 178-183 (1996).
188) Comparison of formation site of graft chain between nonporous and porous films prepared by RIGP
W. Lee, T. Oshikiri, K. Saito, K. Sugita, and T. Sugo
*Chem. Mater.*, **8**, 2618-2621 (1996).
189) Hydrolysis of methyl acetate and sucrose in $SO_3H$-group-containing grafted polymer chain prepared by radiation-induced graft polymerization
T. Mizota, S. Tsuneda, K. Saito, and T. Sugo
*Ind. Eng. Chem. Res.*, **33**, 2215-2219 (1994).
190) Sulfonic acid catalysts prepared by radiation-induced graft polymerization
T. Mizota, S. Tsuneda, K. Saito, and T. Sugo
*J. Catalysis*, **149**, 243-245 (1994).
191) Molecular weight distribution of methyl methacrylate grafted onto a microfiltration membrane by radiation-induced graft polymerization
H. Yamagishi, K. Saito, S. Furusaki, T. Sugo, F. Hosoi, and J. Okamoto
*J. Membr. Sci.*, **85**, 71-80 (1993).
192) Water/acetone permeablity of porous hollow-fiber membrane containing diethylamino groups on the grafted polymer branches

S. Tsuneda, K. Saito, S. Furusaki, T. Sugo, and I. Ishigaki
*J. Membr. Sci.*, **71**, 1-12 (1992).

## 3　グラフト鎖をつくる

193) 6-ナイロン繊維へのDMAPAA-Qの放射線グラフト重合
増山嘉史，藤原邦夫，須郷高信，河合(野間)繁子，梅野太輔，斎藤恭一
日本海水学会誌，**71**, 92-96 (2017).
194) Introduction of taurine into polymer brush grafted onto porous hollow-fiber membrane
K. Miyoshi, K. Saito, T. Shiraishi, and T. Sugo
*J. Membr. Sci.*, **264**, 97-103 (2005).
195) Concentration of 17β-estradiol using an immunoaffinity porous hollow-fiber membrane
S. Nishiyama, A. Goto, K. Saito, K. Sugita, M. Tamada, T. Sugo, T. Funami, Y. Goda, and S. Fujimoto
*Anal. Chem.*, **74**, 4933-4936 (2002).
196) Cation-exchange porous hollow-fiber membrane prepared by radiation-induced cografting of GMA and EDMA which improved pure water permeability and sodium ion adsorptivity
Kaori Saito, K. Saito, K. Sugita, M. Tamada, and T. Sugo
*Ind. Eng. Chem. Res.*, **41**, 5686-5691 (2002).
197) Purification of docosahexaenoic acid ethyl ester using silver-ion immobilized porous hollow-fiber membrane module
I. Ozawa, M. Kim, K. Saito, K. Sugita, T. Baba, S. Moriyama, and T. Sugo
*Biotechnol. Prog.*, **17**, 893-896 (2001).
198) Radiation-induced graft polymerization and sulfonation of glycidyl methacrylate onto porous hollow-fiber membranes with different pore sizes
M. Kim and K. Saito
*Radiat. Phys. Chem.*, **57**, 167-172 (2000).
199) Preparation of silver-ion-loaded nonwoven fabric by radiation-induced graft polymerization
M. Kim and K. Saito
*React. Polym.*, **40**, 275-279 (1999).
200) Selective binding of docosahexaenoic acid ethyl ester to a silver-ion-loaded porous hollow-fiber membrane
A. Shibasaki, Y. Irimoto, M. Kim, K. Saito, K. Sugita, T. Baba, I. Honjyo, S. Moriyama, and T. Sugo
*JAOCS*, **76**, 771-775 (1999).
201) Characteristics of porous anion-exchange membranes prepared by cografting of glycidyl methacrylate with divinylbenzene
K. Sunaga, M. Kim, K. Saito, K. Sugita, and T. Sugo
*Chem. Mater.*, **11**, 1986-1989 (1999).
202) Selection of a precursor monomer for the introduction of affinity ligands onto a porous membrane by radiation-induced graft polymerization
S. Kiyohara, M. Kim, Y. Toida, K. Saito, K. Sugita, and T. Sugo
*J. Chromatogr. A*, **758**, 209-215 (1997).

203) Ring-opening reaction of poly-GMA chain grafted onto a porous membrane
M. Kim, S. Kiyohara, S. Konishi, S. Tsuneda, K. Saito, and T. Sugo
*J. Membr. Sci.*, **117**, 33-38 (1996).

204) Amino acid addition to epoxy-group-containing polymer chain grafted onto a porous membrane
S. Kiyohara, M. Sasaki, K. Saito, K. Sugita, and T. Sugo
*J. Membr. Sci.*, **109**, 87-92 (1996).

205) Radiation-induced grafting of phenylalanine-containing monomer onto a porous membrane
S. Kiyohara, M. Sasaki, K. Saito, K. Sugita, and T. Sugo
*React. Polym.*, **31**, 103-110 (1996).

206) Reactor of vapor-phase graft polymerization of reactive monomer onto porous hollow fiber
K. Uezu, K. Saito, T. Sugo, and S. Aramaki
*AIChE J.*, **42**, 1095-1100 (1996).

207) Preparation of microfiltration membranes containing anion-exchange groups
K. Kobayashi, S. Tsuneda, K. Saito, H. Yamagishi, S. Furusaki, and T. Sugo
*J. Membr. Sci.*, **76**, 209-218 (1993).

208) Simple introduction of sulfonic acid group onto polyethylene by radiation-induced cografting of sodium styrenesulfonate with hydrophilic monomers
S. Tsuneda, K. Saito, S. Furusaki, T. Sugo, and K. Makuuchi
*Ind. Eng. Chem. Res.*, **32**, 1464-1470 (1993).

209) Attachment of sulfonic acid groups to various shapes of PE, PP and PTFE by radiation-induced graft polymerization
S. Sugiyama, S. Tsuneda, K. Saito, S. Furusaki, T. Sugo, and K. Makuuchi
*React. Polym.*, **21**, 187-191 (1993).

210) Radicals contributing to preirradiation graft polymerization onto porous polyethylene
K. Uezu, K. Saito, S. Furusaki, T. Sugo, and I. Ishigaki
*Radiat. Phy. Chem.*, **40**, 31-36 (1992).

211) Comparison of simultaneous and preirradiation grafting of methyl methacrylate onto a porous membrane
H. Yamagishi, K. Saito, S. Furusaki, T. Sugo, and I. Ishigaki
*Chem. Mater.*, **3**, 987-989 (1991).

212) Permeability of methyl methacrylate grafted cellulose triacetate membrane
H. Yamagishi, K. Saito, S. Furusaki, T. Sugo, and J. Okamoto
*Chem. Mater.*, **2**, 705-708 (1990).

213) 気相および液相放射線グラフト重合法が多孔性中空糸膜の透水性能に及ぼす効果
山岸秀之, 斎藤恭一, 古崎新太郎, 須郷高信, 岡本次郎
日本化学会誌, **1988**, 212-216 (1988).

## 著 書

1) K. Saito, K. Fujiwara, T. Sugo, "Innovative Polymeric Adsorbents", Springer (2018).
2) 斎藤恭一，藤原邦夫，須郷高信，"グラフト重合法による高分子吸着材料革命"，丸善出版 (2014).
3) 斎藤恭一，須郷高信，"グラフト重合のおいしいレシピ"，丸善 (2008).
4) 斎藤恭一，須郷高信，"猫とグラフト重合"，丸善 (1996).

## グラフト鎖が関与した元素の数 38

| 1 H | | | | | | | | | | | | | | | | | 2 He |
|---|---|---|---|---|---|---|---|---|---|---|---|---|---|---|---|---|---|
| 3 Li | 4 Be | | | | | | | | | | | 5 B | 6 C | 7 N | 8 O | 9 F | 10 Ne |
| 11 Na | 12 Mg | | | | | | | | | | | 13 Al | 14 Si | 15 P | 16 S | 17 Cl | 18 Ar |
| 19 K | 20 Ca | 21 Sc | 22 Ti | 23 V | 24 Cr | 25 Mn | 26 Fe | 27 Co | 28 Ni | 29 Cu | 30 Zn | 31 Ga | 32 Ge | 33 As | 34 Se | 35 Br | 36 Kr |
| 37 Rb | 38 Sr | 39 Y | 40 Zr | 41 Nb | 42 Mo | 43 Tc | 44 Ru | 45 Rh | 46 Pd | 47 Ag | 48 Cd | 49 In | 50 Sn | 51 Sb | 52 Te | 53 I | 54 Xe |
| 55 Cs | 56 Ba | 57~71 La-Lu | 72 Hf | 73 Ta | 74 W | 75 Re | 76 Os | 77 Ir | 78 Pt | 79 Au | 80 Hg | 81 Tl | 82 Pb | 83 Bi | 84 Po | 85 At | 86 Rn |
| 87 Fr | 88 Ra | 89~103 Ac-Lr | 104 Rf | 105 Db | 106 Sg | 107 Bh | 108 Hs | 109 Mt | 110 Ds | 111 Rg | 112 Cn | | | | | | |

| 57 La | 58 Ce | 59 Pr | 60 Nd | 61 Pm | 62 Sm | 63 Eu | 64 Gd | 65 Tb | 66 Dy | 67 Ho | 68 Er | 69 Tm | 70 Yb | 71 Lu |
|---|---|---|---|---|---|---|---|---|---|---|---|---|---|---|
| 89 Ac | 90 Th | 91 Pa | 92 U | 93 Np | 94 Pu | 95 Am | 96 Cm | 97 Bk | 98 Cf | 99 Es | 100 Fm | 101 Md | 102 No | 103 Lr |

# おわりに

　原子力研究の草創期に放射線化学の工業利用をめざして日本原子力研究所高崎研究所（原研高崎，現在，量子科学技術研究開発機構高崎量子応用研究所）が設立された。原子力のエネルギー利用研究が主流の時代に原研高崎に設置された放射線化学応用の研究は世界的に注目され，欧米先進国からも研究者が参加していた。私（須郷）は放射線重合技術でポリエチレンの合成と物性，そして用途開発を担当した。その頃，先端高分子材料であったポリエチレンに原子炉で放射線を照射すると耐熱性が向上する架橋反応の発見が，英国ハーウエル原子力研究所のCharlesby氏から発表された。

　当時，理事長の宗像英二氏はカシミロンの開発者で，現場主義者であり，パイオニアになるには本を読むより実験優先で「道は歩いた後にある」が口癖だった。また，理事の西堀榮三郎氏は第一次南極越冬隊長や「雪山賛歌」の作詞者で「百の論より一つの証拠・現場研究術」を主張されており，原研高崎にはモノづくりの雰囲気が満ち溢れていた。

　私はポリエチレンに放射線を照射した後，ビニル化合物のガスを導入し，ESR（電子スピン共鳴装置）でラジカルの変化を調べていた。この技術をモノづくりに役立てる研究の途上で「放射線前照射グラフト重合技術」を応用して導電性ポリエチレン膜が完成した。宗像理事長は，導電性ポリエチレン膜の実用化を進めるため，日本初の合成繊維「ビニロン」の開発者で原研大阪研究所長であった桜田一郎先生（文化勲章受章者，京都大学名誉教授）に直接，お電話くださり，私は桜田先生に面会することができた。さらに，宗像理事長には，電池製造企業の副社長や化学合成企業の研究リーダーの紹介など，積極的に実用化の後押しをしていただいた。その結果，放射線グラフト重合技術で世界初の工業化を達成し，現在でも腕時計用の長寿命ボタン型アルカリ電池の隔

膜として利用されている。

　資源小国日本の課題である海洋資源の活用研究が盛んになっていた。海水中にごくわずかに溶存するウランやバナジウムなどの希少金属の選択吸着分離材料の開発を進める途上で，斎藤恭一千葉大学教授（当時，東京大学助手）との出会いがあり，グラフト重合コンビが誕生した。35年間，兄弟以上の絆で放射線グラフト重合一筋に研究を進めてきた。斎藤先生との出会いで，現場研究術に，科学的な解析技術が加わり，グラフト重合鎖がポリエチレン構造の中に成長しているか，それとも結晶構造の外に髭のようなポリマーブラシが生えているかなどなど，性能と構造との関係が議論され，見てきたような話に発展するようになってきた。

　斎藤先生との研究の途上で，グラフト重合技術を応用した水処理材料の開発を目的に，株式会社荏原製作所から藤原邦夫氏が外来研究員として加わった。以来35年間，グラフト重合研究の産学官の協力体制が確立した。私は原研の定年退職に合わせて，グラフト重合技術をモノ作りに応用するため，株式会社環境浄化研究所を創業した。その後，企業を定年退職された藤原氏が環境浄化研究所の研究開発部長として参画することによって，千葉大学の基礎研究の成果を企業化するスピードが加速されるようになった。

　2011年の東日本大震災に伴って福島第一原子力発電所で発生したセシウム，ストロンチウム，ヨウ素などの放射線汚染物質を効率的に吸着除去する材料の開発に全力を投入し，原発内の汚染水，河川水，そして海水への適用を実現することができた。

　この本が，放射線グラフト重合法によるモノづくりを愛する仲間たちの宝物になることを願っている。

2019年　早春

須　郷　高　信

# 索　引

## 欧　文

ALPS ································ 81, 148
DHA ································· 151
EDTA ································ 33
EPA ································· 151
EPMA ································ 40
Ernst 博士 ··························· 72
GMA ································· 20
　──グラフト多孔性シート ········ 141
HDEHP ···························· 141, 163
　──担持繊維 ····················· 163
His 標識されたタンパク質 ········· 157
IDA ··························· 9, 35, 157
IDE ································· 120
　──固定多孔性中空糸膜 ········· 121
Langmuir 式 ····················· 55, 107
MBR ································· 110
Membrane Chromatography ········ 44
NMG 固定繊維 ······················ 90
NVAA 繊維 ·························· 57
NVP ································· 52
　──繊維 ·························· 54
PET ································· 118
PGM ································· 121
POTC ································ 76
ppb ······························ 33, 140
ppq ································· 84
ppt ··························· 33, 84, 140

PVPP ································ 52
SEM ································· 36
SrTreat™ ···························· 78
SV ·································· 87
TFK 固定多孔性中空糸膜 ··········· 60
TOC ································· 85

## 和　文

### あ　行

アデニン固定繊維 ···················· 82
アデニン固定多孔性中空糸膜 ········ 123
アトラン ···························· 119
アニオン交換繊維 ···················· 65
アニオン交換多孔性中空糸膜 ······· 158
アフィニティ ················· 5, 60, 139
　──吸着材 ························ 61
　──溶離 ························· 168
　──リガンド ······················ 26
アミドキシム基 ···················· 9, 99
アミドキシム中空繊維 ··············· 100
アミドキシム不織布 ················· 102
　──係留装置 ···················· 103
アルブミン固定多孔性中空糸膜 ····· 174
安定度定数 ·························· 42

イエローケーキ ···················· 103
イオン架橋 ························· 116
イオン交換 ·························· 10

| | |
|---|---|
| ──基 | 19 |
| イミノジエタノール | 119 |
| イミノ二酢酸 | 9, 35, 157 |
| ウシ血清アルブミン | 174 |
| ウラン採取 | 97 |
| ウレアーゼ | 86 |
| ──固定化繊維 | 87 |
| エイコサペンタイン酸 | 151 |
| 液-液抽出 | 141 |
| 17$\beta$-エストラジオール | 7, 137 |
| エポキシ基 | 21 |
| 塩田 | 130 |
| 汚染水 | 63, 148 |
| ──処理 | 71 |

## か 行

| | |
|---|---|
| 回収 | 113 |
| 海水 | 98 |
| ──からのウランの採取 | 97 |
| ──からの塩の濃縮 | 129 |
| ──からのレアアースの濃縮 | 140 |
| ──産ウラン鉱石 | 100 |
| 核酸塩基 | 80, 123 |
| 拡散物質移動抵抗 | 38 |
| 核種の半減期 | 63 |
| ガス吸収 | 3 |
| ガス田 | 13 |
| 河川 | 137 |
| カチオン交換繊維 | 160 |
| カチオン交換多孔性中空糸膜 | 114 |
| 家庭用浄水器 | 34 |
| カテキン | 52 |
| 荷電性ポリマーブラシ | 115 |
| カフェイン | 51, 105 |
| ガラス転移温度 | 16 |
| カルボキシベタイン | 111 |
| 過冷却 | 149 |
| 環境ホルモン | 136 |
| 環状イソマルトオリゴ糖 | 126 |
| かん水 | 133 |
| 含水酸化チタン | 98 |
| 官能基 | 5 |
| ──密度 | 26 |
| 基材 | 18 |
| 希土類 | 140 |
| ──金属 | 162 |
| 逆抽出 | 180 |
| 吸収 | 3 |
| 吸着 | 3 |
| 吸着材 | 3, 15 |
| ──開発 | 33 |
| ──のサイズ | 39 |
| ──の性能 | 27 |
| 吸着繊維 | 64 |
| ──ガガ | 66 |
| 吸着等温線 | 69 |
| 吸着平衡定数 | 55 |
| 吸着量の測定 | 40 |
| 供給液 | 29 |
| 共グラフト重合 | 22 |
| 凝固点 | 148 |
| 共有結合 | 7 |
| 魚油 | 151 |
| キラル化合物 | 173 |
| キレート | 9, 34 |
| 銀イオン | 152 |
| ──固定化多孔性中空糸膜 | 154 |
| 空間速度 | 87 |
| グラフト鎖 | 25 |
| ──相拡散 | 38 |
| ──の2層構造 | 144 |
| グラフト重合 | 15, 17 |
| グラフト率 | 26, 54 |
| グリシジルメタクリレート | 20 |

| | |
|---|---|
| 血　液 | 167 |
| ゲルゾリン | 167 |
| ゲル電気泳動法 | 60, 170 |
| ゲルマトラン | 119 |
| ゲルマニウム | 118 |
| 抗がん剤 | 79 |
| 高級不飽和脂肪酸 | 152 |
| 抗　体 | 137, 156 |
| ──医薬品 | 159 |
| 高分子製フィルム | 132 |
| 高密度ポリエチレンフィルム | 135 |
| コーキシン | 58 |
| 固相抽出材 | 141 |
| 固相抽出法 | 163, 181 |
| 古代海水 | 13 |
| 固　定 | 24 |
| 固定化金属 | 5 |
| ──アフィニティ | 152 |
| コバルトイオン | 33 |
| ゴルゴ13 | 103 |

## さ　行

| | |
|---|---|
| 採　取 | 97 |
| サイズ排除効果 | 144 |
| 酸化アンチモン | 118 |
| 酸化ゲルマニウム | 118 |
| 三炭酸ウラニルイオン | 11, 98 |
| シスプラスチン | 79 |
| ジスプロシウム | 162 |
| 実用吸着容量 | 90 |
| 収　着 | 3 |
| 除　去 | 51 |
| 食　塩 | 131 |
| 真空蒸発缶 | 130 |
| 腎臓病 | 58 |
| 真のアフィニティ | 5 |

| | |
|---|---|
| 水素結合 | 7 |
| スケールアップ | 158 |
| スルホン酸基 | 114 |
| 製　塩 | 130 |
| 精　製 | 151 |
| 正抽出 | 180 |
| 静電相互作用 | 10 |
| ゼオライト | 69 |
| 析出担持 | 67, 76 |
| 前駆体モノマー | 19 |
| 相互作用 | 5 |
| 走査電子顕微鏡 | 36 |
| 総有機炭素量 | 85 |
| 疎水性アミノ酸 | 6, 92 |
| 疎水性相互作用 | 8 |

## た　行

| | |
|---|---|
| タウリン | 122 |
| ──固定多孔性中空糸膜 | 122 |
| 多核種除去設備 | 81 |
| 多孔性シート | 182 |
| 多孔性中空糸膜状吸着材 | 46 |
| 多層度 | 116 |
| 担　持 | 24 |
| ──率 | 78 |
| 単層吸着量 | 116 |
| タンニン酸 | 105 |
| ──固定繊維 | 105 |
| 置換吸着 | 42, 155 |
| チタン酸化合物担持繊維 | 77 |
| チタン酸ナトリウム | 74, 77 |
| 中空糸膜 | 34 |
| ──モジュール | 158 |
| 抽出クロマトグラフ法 | 141 |
| 抽出試薬 | 141, 179 |
| 注入法 | 176 |

超高分子量ポリエチレンフィルム …… 135
超純水……………………………… 84

接ぎ木……………………………… 4, 16

デキストラン……………………… 127
電気透析装置……………………… 130
電子顕微鏡写真…………………… 68

透過法………………………… 37, 176
透過流束……………………… 45, 115
同時グラフト重合………………… 16
等電点……………………………… 12
特異的……………………………… 60
土気（とけ）……………………… 14
ドコサヘキサエン酸……………… 151
トランスグルタミナーゼ…… 87, 175
トリチウム水……………………… 148
トリプトファン…………………… 176
　——固定多孔性中空糸膜……… 94
トリフルオロケトン……………… 59

## な 行

内分泌かく乱物質………………… 136

偽のアフィニティ………………… 5
乳化グラフト重合………………… 23
尿　素……………………………… 85
　——の加水分解率……………… 87

ネオジム…………………………… 162
　——磁石………………………… 162
猫　尿……………………………… 58

濃　縮……………………………… 129

## は 行

破過吸着容量………………… 90, 160

破過吸着量………………………… 30
破過曲線……… 29, 37, 90, 138, 155, 171
破過点……………………………… 90
白　金……………………………… 123
白金族元素…………………… 82, 121
バッチ方法………………………… 27
バナジウム………………………… 105
パラジウム………………………… 124
半減期……………………………… 63

$N$-ビニルアセトアミド ………… 57
$N$-ビニルピロリドン …………… 52
ビニルモノマー………… 16, 19, 20
病因物質…………………………… 93
フェロシアン化コバルト………… 65
福島第一原子力発電所……… 63, 148
　——1～4号機取水路前の港湾 …… 73
富士山の湧き水…………………… 106
不溶性フェロシアン化コバルト … 65
　——担持繊維…………………… 65
フラクション……………………… 60
分配係数…………………………… 70
分　離……………………………… 4

平均滞留時間……………………… 37
平衡吸着容量……………………… 90
平衡吸着量………………………… 30
ペクレ数…………………………… 38
ベタイン…………………………… 111
ペルオキソチタン錯体…………… 75

放射性ストロンチウム……… 63, 73
　——の捕捉……………………… 11
放射性セシウム…………………… 63
　——の捕捉……………………… 11
放射性廃棄物……………………… 179
放射線グラフト重合………… 15, 17
放射線照射………………………… 15
　——の設備……………………… 17

| | | | |
|---|---|---|---|
| ホウ素 | 88 | 溶存形態 | 91 |
| 飽和吸着容量 | 55 | 溶離クロマトグラフィー | 183 |
| ボビン | 71 | 溶離クロマトグラム | 164 |
| ポリエチレンテレフタレート | 118 | 溶離率 | 30 |
| ポリクロナール抗体 | 137 | | |
| ポリマーブラシ | 22, 115 | | |
| ポリマールーツ | 22 | | |

## ら 行

卵 白 ……………………………… 113

| | |
|---|---|
| リガンド | 5 |
| リゾチーム | 113, 161 |
| リポビタンD® | 122 |
| 流出液 | 29 |
| 流通方式 | 29 |
| 量産体制 | 71 |
| 両性電解質 | 11 |
| 緑茶抽出液 | 51 |
| リン酸ベタイン | 111 |

ルテニウム ……………………………… 79

| | |
|---|---|
| レアアース | 140 |
| レアメタル | 162 |

## ま 行

| | |
|---|---|
| マイクロ流路 | 39 |
| 前照射グラフト重合法 | 16 |
| 前照射法 | 16 |
| 膜抵抗 | 133 |
| 膜モジュール | 158 |

虫歯予防食品添加物 ……………… 126

| | |
|---|---|
| $N$-メチルグルカミン | 89 |
| メルトダウン | 63 |
| 免疫吸着材 | 92 |
| メンブレンバイオリアクター | 110 |

## や 行

| | |
|---|---|
| ヨウ化銀 | 149 |
| ヨウ素 | 13 |

## わ 行

ワインドフィルター ……………… 45, 121

斎藤　恭一（さいとう　きょういち）
1953年生まれ
現在，千葉大学大学院　教授
工学博士

藤原　邦夫（ふじわら　くにお）
1950年生まれ
現在，株式会社環境浄化研究所　研究開発部長
工学博士

須郷　高信（すごう　たかのぶ）
1943年生まれ
現在，株式会社環境浄化研究所　社長
工学博士

グラフト重合による吸着材開発の物語

平成 31 年 3 月15日　発　行

| | |
|---|---|
| 著作者 | 斎　藤　恭　一<br>藤　原　邦　夫<br>須　郷　高　信 |
| 発行者 | 池　田　和　博 |
| 発行所 | 丸善出版株式会社 |

〒101-0051 東京都千代田区神田神保町二丁目17番
編集：電話（03）3512-3264／FAX（03）3512-3272
営業：電話（03）3512-3256／FAX（03）3512-3270
https://www.maruzen-publishing.co.jp

ⓒ Kyoichi Saito, Kunio Fujiwara, Takanobu Sugo, 2019

組版印刷・製本／藤原印刷株式会社

ISBN 978-4-621-30372-6 C 3043　　　　Printed in Japan

**JCOPY**〈(一社)出版者著作権管理機構 委託出版物〉

本書の無断複写は著作権法上での例外を除き禁じられています．複写される場合は，そのつど事前に，(一社)出版者著作権管理機構（電話03-5244-5088, FAX03-5244-5089, e-mail：info@jcopy.or.jp）の許諾を得てください．